W0368216

Musterbriefe
für jede Gelegenheit

Musterbriefe
für jede Gelegenheit

area

Hinweis:
Aus Platzgründen werden nur zu Beginn jedes Kapitels ein vollständiger Briefkopf sowie Datum und Unterschrift aufgeführt. Im Folgenden wird diese Auslassung durch [...] kenntlich gemacht.

Redaktion area verlag gmbh

Sämtliche Ausführungen des Werkes erfolgen aufgrund sorgfältiger Recherche und Kontrolle des Herausgebers. Gleichwohl sind Fehler und Irrtümer niemals auszuschließen. Daher kann keinerlei Haftung von Herausgeber oder Verlag für etwaige inhaltliche Unstimmigkeiten übernommen werden. Im Zweifel ist eine rechtliche Einzelberatung unerlässlich.

Albert J. Urban (Hrsg.): Musterbriefe für jede Gelegenheit
Copyright © by area verlag gmbh, Erftstadt
Lizenzausgabe mit freundlicher Genehmigung von UrbanPlus
Alle Rechte vorbehalten

Einbandgestaltung: agilmedien, Köln
Einbandabbildung: mauritius
Satz und Layout: GEM mbH, Ratingen
Gesamtherstellung: area verlag gmbh, Erftstadt
Printed in Czech Republic 2007

ISBN 978-3-89996-763-0

www.area-verlag.de

Inhaltsverzeichnis

Vorwort

Glaubte man lange Zeit, im Telefon das Ende des Briefeschreibens zu sehen, so ist doch nicht zu leugnen, dass das Schreiben nach wie vor eine bedeutende Rolle spielt. Der Brief ist und bleibt ein allgemein akzeptiertes und geschätztes Kommunikationsmittel, ob im privaten oder geschäftlichen Leben. Jeder Brief muss in Ausdrucksweise und Schreibstil gewissen Anforderungen genügen – für manchen eine ziemliche Herausforderung.

Es muss ja nicht immer gleich ein Beileidsschreiben sein, das einem Kopfzerbrechen bereitet. Auch viele »einfachere« Schreiben fallen dem Ungeübten oft schwer. Die vorliegende Sammlung bietet Ihnen deshalb Textbeispiele für viele Lebenslagen, sei es beruflich, im Verkehr mit den Behörden oder privat.

Alle Muster sind mit konkreten Angaben ausformuliert und zeigen so beispielhaft, wie das Schreiben komplett aussehen sollte. In fast allen Rubriken der Sammlung finden sich zusätzlich allgemeine Hinweise zum Vorgang als solchen, die das Wichtigste zusammenfassen, was Sie beim Verfassen beachten sollten. Die Texte dieser Sammlung bieten auch interessante und nützliche Ideen, wenn Sie anstelle eines Briefes oder einer E-Mail eine kleine Ansprache vorzubereiten haben. Der eine oder andere Kurzzeiler ist sogar für eine handschriftliche Übertragung auf schöne Grußkarten geeignet – sicher die persönlichste Art, jemandem zu schreiben.

Für Berufsanfänger in den typisch kaufmännischen Berufen empfiehlt sich durchaus eine gründliche Lektüre für einen schnellen Einblick in die anfallende Korrespondenz des Geschäftslebens. Die Sammlung deckt viele Bereiche systematisch ab. So lernt man nicht nur das richtige Schreiben, sondern auch die Art und Weise kennen, wie Standardvorgänge ablaufen.

Herausgeber und Verlag wünschen allen Benutzern viel Erfolg beim Gebrauch dieses Nachschlagewerkes.

Einleitung

Wer schreibt denn heute noch Briefe?

Eigentlich jeder – irgendwann einmal. Dem modernen Menschen steht heute eine ganze Bandbreite an Kontakt- und Verbindungsmöglichkeiten zu seinen Mitmenschen zur Verfügung: jederzeit und überall verfügbare Telefone, Faxe, E-Mails, Kurzmitteilungen via Handy etc. Dennoch gibt es viele Gründe dafür, einer anderen Person etwas durch einen Brief mitzuteilen und eben nicht nur durch ein Telefonat oder eine E-Mail (in vielen Fällen ist eine Kombination die beste Lösung). Natürlich spielt die Länge der Mitteilung eine wichtige Rolle, aber auch die Vertraulichkeit und die Komplexität der Themen, um die es geht.

Beim Schreiben eines Briefes haben Sie z. B. die Möglichkeit, Zusammenhänge und Hintergründe darzustellen, ohne dass Sie dabei unter Zeitdruck geraten. Die Inhalte, die mitgeteilt werden sollen, können in eine sinnvolle Reihenfolge gebracht, klar strukturiert und mit geeigneten Argumenten unterlegt werden. In einem Gespräch ist das manchmal nicht möglich, denn oft müssen Sie sich sofort mit den Reaktionen des Gegenübers oder mit Widersprüchen und Gegenargumenten auseinander setzen.

Nicht nur Sie als Schreibender haben mehr Zeit und Ruhe, sondern der Empfänger ebenso: Auch er hat die Möglichkeit, sich mit dem vorgebrachten Anliegen in Ruhe zu befassen. Er ist nicht gezwungen, direkt und spontan zu reagieren, sondern kann sich erst einmal Gedanken darüber machen. Natürlich ist das nicht immer für Sie von Vorteil, denn bei gegensätzlichen Standpunkten verschaffen Sie dem anderen den gleichen Vorteil einer durchdachten Reaktion.

Ein weiterer Grund für schriftliche Kommunikation: In einem Brief können Dinge zur Sprache kommen, über die Sie nur schwer reden können. Manchmal sind es auch bestimmte Personen, mit denen man ein Gespräch scheut, aus welchen Gründen auch immer. Erfahrungsgemäß können Sie solch unangenehmen Situationen nicht immer aus dem Weg gehen, aber manchmal eben doch: Ein höfliches Schreiben ist immer konstruktiver als ein zu schnell gesprochenes Wort.

Kennen Sie den Spruch »Wer schreibt, der bleibt«? Der Volksmund verwendet ihn und will damit Folgendes zum Ausdruck bringen: Das geschriebene Wort hat mehr Gewicht als das Gesprochene. Nicht selten haben Briefe sogar Beweischarakter. Und genau das macht es für viele Menschen so schwierig, etwas zu Papier (oder per Tastatur auf den Bildschirm) zu bringen, was eigentlich ganz einfach zu sagen ist. Schließlich will man alles richtig machen (bzw. schreiben), keine Missverständnisse aufkommen lassen und auch noch konstruktiv sein, wenn es um Problemlösungen geht. Und am besten auch noch originell …

Schreiben – aber wie?

Wenn Sie keinen persönlichen »Ghostwriter« haben, der für Sie alle anfallenden Schreibarbeiten erledigt, müssen Sie selbst ran. Zuerst die schlechte Nachricht: Ganz ohne Nachdenken geht es nicht. Jetzt die gute Nachricht: Sie müssen keine Theorie büffeln oder Lehrbücher wälzen.

Es geht ganz einfach, wenn Sie sich an das folgende Schema halten:

Vorbereitung

Reagieren Sie auf ein Schreiben oder wollen Sie selbst etwas mitteilen? Erscheint es sinnvoll, vorher ein Telefonat zu führen, um diverse Sachverhalte abzuklären (wie z. B. bei Stellenangeboten, bei denen eine Telefonnummer angegeben ist)? Für das Schreiben wichtiger Briefe sollten Sie auch auf eine angemessene Atmosphäre achten, so seltsam sich das anhören mag. Oder können Sie sich vorstellen, in einem überfüllten Zug im Gang stehend einen Liebesbrief zu schreiben? Vielleicht sind manche Leute sogar in der Lage, während einer herzzerreißenden Liebesszene im Film ein Bewerbungsanschreiben für die Stelle als Filialleiter einer Supermarktkette zu formulieren. Den meisten Briefen aber merkt der Empfänger an, wenn sie z. B. in übergroßer Hektik geschrieben wurden oder der Absender ständig gestört wurde. Versuchen Sie, auch im Büro eine möglichst ruhige Atmosphäre zu schaffen, wenn Sie Briefe formulieren.

Empfänger

Wichtig sind die Formen, die eingehalten werden sollten. Handelt es sich um einen persönlichen Brief oder um einen Geschäftsbrief? Je nachdem können Sie das Schreiben handschriftlich verfassen oder tippen und ausdrucken. Auch die Wahl des Briefpapiers hängt davon ab, was für einen Brief Sie schreiben: Bei persönlichen Schreiben kann sehr individuelles Papier verwendet werden, für Bewerbungen unter Umständen eine edlere Variante. Bei Geschäftsbriefen wird entweder vorgedrucktes Papier verwendet oder ein entsprechender Briefkopf.

Inhalt und Reihenfolge

Was genau wollen Sie dem Empfänger mitteilen? In welcher Reihenfolge wollen Sie Ihre Anliegen vortragen? Welche Argumente wollen Sie verwenden? Wie viele Informationen wollen Sie dem Adressaten zukommen lassen, wie viel Vorwissen hat dieser? Es ist wichtig, sich selbst über das Ziel des Briefes im Klaren zu sein. Dazu gehört auch, den Standpunkt des Empfängers mit einzubeziehen bzw. ihn einzuschätzen.

Formulieren

Sie wissen, warum, was und in welcher Reihenfolge Sie schreiben wollen? Dann geht's los mit dem Formulieren. Die Form (Anrede du, Sie) ist geklärt, der Sachverhalt auch, jetzt müssen Sie Ihre Gedanken nur noch in Worte kleiden. Versuchen Sie, dem Empfänger das Lesen so einfach wie möglich zu machen. Das heißt: keine Endlossätze oder unnötigen Floskeln (z. B. eigentlich, irgendwie) bzw. unwichtigen Randinformationen, sondern eine klare Struktur und eine möglichst knappe und sachliche Darstellung. Das trifft ebenso für persönliche Briefe zu. Bemühen Sie sich auch hier um direkte Aussagen. Wenn Sie über etwas erfreut sind, schreiben Sie »Ich freue mich«, nicht »Erfreulicherweise«. Schreiben Sie entsprechend nicht »bedauerlich ist, dass …«, sondern »Ich bedauere, dass …«.

Korrigieren

Lesen Sie Ihren Brief noch einmal in aller Ruhe durch. Lesen Sie kritisch und suchen Sie Fehler im Aufbau. Versuchen Sie, sich in den Empfänger hineinzuversetzen und wie dieser die Zeilen zu lesen: Versteht er den Inhalt ganz sicher so, wie Sie ihn meinen? Manchmal ergibt sich beim Überarbeiten eines Schreibens auch eine neue Ordnung. Scheuen Sie sich nicht vor Änderungen. Nur selten ist der erste Entwurf der beste. Dem Arbeiten mit Textverarbeitungsprogrammen ist es zu verdanken, dass das Einfügen, Löschen oder Verschieben von Texten kein Problem mehr ist. Wenn Sie allerdings merken, dass Sie den gleichen Absatz zum wiederholten Mal umschreiben, ohne dass er in seiner Aussage wirklich besser wird, lehnen Sie sich kurz zurück und denken Sie nach. Keine Textverarbeitung kann das Überlegen ersetzen.

Wenn Sie mit allem zufrieden sind, lesen Sie das Schreiben noch einmal durch und achten Sie ausschließlich auf Rechtschreibfehler. Nehmen Sie im Zweifelsfall ein geeignetes Nachschlagewerk zu Hilfe. Verlassen Sie sich auf keinen Fall auf die diversen Hilfsprogramme von Textverarbeitungen.

Abschicken

Auch hier gibt es verschiedene Möglichkeiten: Manche Schreiben, wie z. B. Abmahnungen o. Ä., sollten nur per Einschreiben (evtl. mit Empfangsbestätigung) versendet werden, andere, wie z. B. Einladungen zum Kindergeburtstag, werden direkt verteilt. Entsprechend ist der Umschlag gestaltet. Auf einem Versandumschlag hat auf jeden Fall immer die korrekte Anschrift und der Absender aufzutauchen, der Platz rechts oben ist reserviert für Briefmarken oder die Frankiermaschine.

Stilkunde für Fortgeschrittene

Haben Sie sich beim Lesen der Einleitung bisher nur gelangweilt, weil Sie das Schreiben sowieso im Schlaf beherrschen? Dann können Sie sich glücklich schätzen. Für die wirklichen Könner – und solche, die es werden wollen – wird hier eine kleine Auswahl an Stilfiguren vorgestellt, die gezielt eingesetzt für große Effekte sorgen. Natürlich sind diese nicht für alle Arten von Texten geeignet, aber an der richtigen Stelle können sie große Wirkung haben.

Alliteration

Aufeinander folgende Wörter beginnen mit dem gleichen Anlaut. Nur begrenzt einsetzbar, z. B. bei Werbebriefen in der Betreffzeile. Beispiel: »München macht mobil«.

Anapher

Ein Wort oder ein kurzer Satzteil wird bei aufeinander folgenden Sätzen wiederholt. Beispiel: »Sie suchen das richtige Auto? Sie suchen Sicherheit für Ihre Familie? Sie suchen Komfort und Qualität?«

Chiasmus

Hat seinen Namen nach der Form des griechischen Buchstaben »Chi« und ist gekennzeichnet durch eine kreuzweise syntaktische Stellung. Beispiel aus Schillers »Wallenstein«: »Eng ist die Welt und das Gehirn ist weit.«

Ellipse

Einzelne Wörter oder Satzglieder werden ausgespart. Beispiel: »Konnte kaum noch warten.« statt »Ich konnte kaum noch warten«.

Epiphora

Eines oder mehrere Wörter werden am Ende von aufeinander folgenden Sätzen wiederholt. Beispiel: »Wir versuchten es am Montag: Kino ausverkauft. Dann am Dienstag und Mittwoch: Kino ausverkauft. Unser letzter Versuch fand am Freitag statt: Kino ausverkauft.«

Inversion

Eine Umkehrung der normalen Reihenfolge von Wörtern und Satzgliedern mit der Absicht, das zu betonende Wort bzw. den zu betonenden Satzteil an den Anfang des Satzes zu stellen, der dadurch mehr Gewicht erhält. Beispiel: »Erdrückend war die Last ...«

Metapher

Stammt vom griechischen Wort »metaphérein« für »übertragen« und bedeutet eine bildhafte Aussage wie z. B. »das Gold ihrer Haare«.

Paradoxon

Durch einen anscheinenden Widerspruch wird zum Nachdenken über die wahre Aussage angeregt. Beispiel: »Ich ging los, um ein rotes Auto zu kaufen, und fuhr mit einem blauen nach Hause.«

Parallelismus

Gleich oder sehr ähnlich gebaute aufeinander folgende Worte oder Satzteile verstärken die Aussage. Beispiel: »Diese Frau, die ich fünf Jahre lang geliebt habe, diese Frau, der ich alles geopfert habe, diese Frau, für die ich meine Hand ins Feuer gelegt hätte – diese Frau hat mich verlassen.«

Parenthese

Für die Liebhaber von Gedankenstrichen: Ein kurzer Satz wird eingeschoben, ohne dass sich die Satzkonstruktion verändert. Beispiel: »Ich bin – wenn Sie mir diese Aussage gestatten – ein wahrer Fan.«

Die Textvorlagen

Glücklicherweise gibt es für viele Arten von Briefen und Texten vorgegebene Muster, an denen sich all diejenigen orientieren können, die sich beim Schreiben noch etwas schwer tun. Sie finden in diesem Buch eine Fülle von verschiedenen Textvorlagen, die dem Anfänger eine Hilfe sind und dem Fortgeschrittenen Inspiration sein sollen.

Zur besseren Übersicht wurden die Textvorlagen in drei Gruppen eingeteilt: Briefe aus dem Berufsleben, offizielle Schreiben an Ämter und Behörden sowie Schreiben, die Sie als Privatperson verfassen.

Berufliche Briefe

Im Berufsleben spielt das Formulieren von Texten eine äußerst wichtige Rolle. Sie finden in diesem Buch eine Vielzahl von Vorlagen, angefangen bei gekonnten und originellen Bewerbungen – inklusive einem formal überzeugenden Lebenslauf – über verschiedene Vertragsmodelle bis hin zu den klassischen Geschäftsbriefen in den Bereichen Anfrage, Angebot, Bestellung, Lieferung und Reklamation.

Andere Regeln gelten für das Verfassen von Aktennotizen, Presseinformationen, Protokollen und Werbebriefen. Dafür finden Sie hier praxisnahe und realistische Beispiele, an denen Sie sich orientieren können. Das gilt auch für die Formulierung von Einladungen, Absagen, Reservierungen, Kündigungen und Zeugnissen.

Für Geschäftsbriefe gelten nach wie vor bestimmte Regeln und Gestaltungsrichtlinien, die Sie einhalten sollten. Es würde den Rahmen dieses Buches sprengen, alle vom Deutschen Institut für Normung herausgegebenen »DINs« über das zu verwendende Schreibpapier, die Briefhüllen, die verschiedenen Formate sowie die zahlreichen Schreib- und Gestaltungsregeln aufzuzählen.

Die wichtigsten formalen Regeln für das Verfassen von Geschäftsbriefen sind die folgenden:

- Die Schriftgröße sollte 11 oder 12 Punkt betragen. Im Brief wird einzeilig geschrieben. Als Schriftarten eignen sich z. B. Times New Roman oder Arial. Beide sind gängig und gut lesbar.
- Der **Absender** steht auf dem Brief entweder links oben (dreizeilig ohne Leerzeile) oder in einer Zeile über dem Anschriftfeld (dann wird eine kleinere Schriftgröße verwendet, der Absender erscheint dann im Sichtfenster des Briefumschlags). Bei entsprechend vorgedrucktem Briefpapier von Firmen trägt der Mitarbeiter nur sein individuelles Zeichen ein.
- Das **Adressfeld** sollte nicht mehr als sechs Zeilen lang sein. Zwischen Straße und Postleitzahl/Ort dient eine Leerzeile der Gliederung. Gemäß der DIN 5008 von 2005 wird diese Leerzeile mittlerweile nicht mehr gesetzt; zur besseren Übersicht wird sie jedoch in diesem Buch verwendet. Zusätze wie »Einschreiben«, »Persönlich« oder »Vertraulich« stehen über der Anschrift. Ein Beispiel:

EINSCHREIBEN

Jäger + Partner GmbH
Herrn Robert Vogel
Helene-Mayer-Ring 13

80809 München

- »An« vor »Herrn«/»Frau« wird nicht mehr geschrieben, vor »Firma« kann »An die« stehen.
- Das **Datum** ist ein wichtiger Bestandteil und kann rein nummerisch (200X-12-11) oder unter Ausschreiben des Monats (11. Dezember 200X) angegeben werden. Weniger geläufig ist die Form »11.12.200X«. Möglich ist auch eine Ortsangabe (München, 11. Dezember 200X).
- Bei vorgedruckten Geschäftsbriefen befindet sich oft unterhalb der Empfängeradresse eine **Bezugszeile** mit Informationen (Ihr Zeichen/Ihre Nachricht vom, Unser Zeichen/Unsere Nachricht vom, Telefon, Name, Datum).
- Zwischen Anschrift und Anrede steht der **Betreff** (z. B. Angebot, Bestellung usw.). Der Betreff soll einen deutlichen, aber kurzen Hinweis darauf geben, um was es geht.
- Unter dem Betreff folgt die **Anrede.** Ist kein Ansprechpartner bekannt, wird »Sehr geehrte Damen und Herren« verwendet, ansonsten z. B. »Sehr geehrter Herr Vogel«. Besitzt der Angeschriebene einen Titel, so wird dieser mit in die Anrede aufgenommen: »Sehr geehrte Frau Professor Schmidt«. Je nach Inhalt des Briefes können Sie auch »Liebe Kolleginnen und Kollegen« oder »Sehr geehrte Kundin« schreiben.
- Am Ende des Brieftextes steht die **Grußformel**, meist wird »Mit freundlichen Grüßen« verwendet. Sie können diese variieren (z. B. Mit freundlichem Gruß, Freundliche Grüße, Beste Grüße, Herzlichst, Hochachtungsvoll), je nach Bezug zum Angeschriebenen.
- Die **Unterschrift** erfolgt je nach Art und Inhalt des Briefes meist handschriftlich (z. B. bei Bewerbungsunterlagen, Kündigungen usw.), teilweise wird der Name des Unterzeichnenden noch maschinenschriftlich aufgeführt. Die Funktion des Unterschreibenden kann eingeschränkt werden durch die Abkürzungen »i. A.« (im Auftrag), »i. V.« (in Vertretung oder in Vollmacht), »m. V.« (mit Vollmacht), »ppa.« (per procura/in Vollmacht) oder »gez. Name, nach Diktat verreist«.
- Das Wort **Anlagen** unterhalb der Unterschrift verweist auf weitere Blätter, die dem Schreiben beigelegt sind, diese können auch genannt werden (z. B. Lichtbild, Kopie des Attestes usw.).

Generell gilt für Geschäftsbriefe ein freundlicher, höflicher und sachlicher Ton und eine möglichst präzise und einfache Ausdrucksweise. Verzichten Sie auf unnötige Floskeln und halten Sie den Brief so kurz wie möglich, ohne wichtige Informationen vorzuenthalten. Kurze Sätze verhindern aufkommende Missverständnisse (die durch eine falsche Kommasetzung leicht entstehen können). Ganz wichtig: Lesen Sie den Brief Korrektur bzw. geben Sie ihn zum Korrekturlesen. Rechtschreibfehler machen keinen guten Eindruck.

Offizielle Schreiben

In Schreiben an Ämter und Behörden finden sich erfahrungsgemäß die meisten (unbeabsichtigten) Stilblüten. Gerade bei offiziellen Briefen möchte man doch ganz korrekt und richtig schreiben. Folgende Regeln helfen Ihnen dabei:

- Orientieren Sie sich beim Briefaufbau an den Regeln für den Geschäftsbrief (siehe oben).
- Wenn Sie einen direkten Ansprechpartner haben, schreiben Sie an diesen.
- Ganz wichtig: der »Betreff«. Hier müssen Informationen stehen wie z. B. Versicherungsnummer, Steuernummer oder die Nummer bzw. das Datum des Schreibens, auf das Sie reagieren (»Ihr Schreiben vom …«). So landet Ihr Brief gleich auf dem richtigen Schreibtisch.
- Manchmal kann durch ein Telefonat im Vorfeld geklärt werden, wie Sie einen Sachverhalt am besten darstellen sollten.
- Auch ganz wichtig: Bleiben Sie immer höflich und sachlich.

Private Briefe

Bei privaten Briefen gilt es zu unterscheiden, an wen Sie schreiben. Handelt es sich z. B. um Korrespondenz rund um das Thema Mietangelegenheiten? Ums Formulieren von Anfragen, Kündigungen oder Reklamationen? Oder um den Schriftwechsel mit Schulen oder Kindergärten? In diesem Fall gilt es, bestimmte Formen einzuhalten. Die vielen Beispiele in diesem Buch dienen dabei als Anleitung und liefern wertvolle Hinweise.

Anders verhält es sich, wenn es sich um sehr persönliche Briefe handelt wie z. B. Glückwunschschreiben an Freunde, Bekannte und Patenkinder, Einladungen für verschiedene Anlässe und vieles mehr. Hier können Sie Ihre Texte auch handschriftlich verfassen – vorausgesetzt, Ihre Handschrift ist leserlich. Wenn nicht, sind Sie mit einer Textverarbeitung und einem Drucker besser beraten. Formale Regeln gibt es hier kaum, Ihrem persönlichen Stil sind (fast) keine Grenzen gesetzt.

Vielleicht wundern Sie sich und fragen, wer für persönliche Schreiben auch noch Vorlagen braucht? Schließlich sollen solche Briefe ja individuell und »typisch« für den Verfasser sein. Richtig, doch gerade persönliche Anliegen lassen sich oft nur schwer formulieren. Vor allem, wenn es um schwierige oder vielleicht sogar traurige Anlässe geht.

Beispiele dafür gibt es genug: ein Streitfall in der Nachbarschaft, bei dem gut gemeinte Worte nicht mehr helfen, Genesungswünsche an eine Person, die man nicht stören möchte, Ärger in der Familie oder der Verwandtschaft, wo es sinnvoller ist, einer direkten Auseinandersetzung aus dem Weg zu gehen, etc.

Vielen Menschen fällt es auch schwer, eine Bitte zu formulieren. Ähnlich verhält es sich bei Entschuldigungen – vor allem dann, wenn man ein schlechtes Gewissen hat. Gerade hier können Briefe eine gute Lösung sein, denn aus der Distanz heraus (und die schafft das Schreiben) lassen sich viele Dinge ruhiger und sachlicher betrachten. Sie finden in diesem Buch viele Beispiele dafür, wie ein Brief durch einen entsprechenden Aufbau und geeignete Formulierungen in schwierigen Situationen zu einer Lösung beitragen kann.

Besonders schwer zu formulieren sind Beileidsschreiben, denn vielen Menschen fehlen hier die Worte, oder sie sind kaum in der Lage, die richtigen zu finden. Die Beispieltexte im Buch werden Ihnen dabei helfen. Ist erst einmal der Anfang gefunden, wird es für Sie kein Problem sein, auch solche schwierigen Texte zu meistern.

Wie viel schöner ist es, anlässlich einer Geburt oder einer Taufe ein paar Zeilen zu verfassen. Hier können Sie ganz auf die Einhaltung von Formen verzichten und fantasievoll schreiben. Die vielen Beispiele in diesem Buch sollen Sie dabei inspirieren. Teilen Sie Ihren Mitmenschen Ihre Freude mit.

Übung macht den Meister

Nicht gerade sehr modern, das Sprichwort – aber heute noch genauso gültig wie früher. Natürlich spielt das Sprachgefühl eine gewisse Rolle, aber beim Schreiben gilt: Je mehr Texte Sie verfassen, umso leichter wird es Ihnen fallen, umso öfter wird Ihnen an gewissen Stellen die treffende Formulierung einfallen und umso besser wird es Ihnen gelingen, eine gute Pointe zu platzieren. (Haben Sie es gemerkt? Hier wurde eine so genannte »Anapher« als Stilmittel verwendet. Siehe »Stilkunde für Fortgeschrittene«.)

Nur die wenigsten von uns werden richtige Meister. Wenn Sie wirklich gute Briefe schreiben wollen, sollten Sie die Texte anderer studieren. Sie werden beim Lesen selbst merken, ob es ein »guter« Brief ist oder nicht. Von zahlreichen Künstlern, Musikern und Schriftstellern wurden Briefe bzw. Briefwechsel veröffentlicht, die wertvolle Anregungen bieten. Staunen Sie über den Stil und den dort verwendeten Wortschatz und experimentieren Sie selbst damit.

Im Alltag ist es allerdings meistens so, dass Sie Briefe zu einem ganz bestimmten Anlass schreiben müssen. Die zahlreichen Beispiele in diesem Buch decken die gängigen Themen aus dem privaten und geschäftlichen Leben ab. Nutzen Sie neben dem Inhaltsverzeichnis auch das umfangreiche Stichwortverzeichnis, um den richtigen Beispielbrief zu finden. Sie können die Texte einfach übernehmen oder diese variieren. Das Wichtigste aber ist: Trauen Sie sich einfach loszuschreiben, und entwickeln Sie Ihren eigenen, persönlichen Stil. Dabei wünschen wir Ihnen viel Spaß.

Beruflich

Abmahnung

Allgemeine Hinweise

Mit Abmahnungen werden Mitarbeiter darauf hingewiesen, dass sie ein Fehlverhalten aufweisen. Das können z. B. wiederholtes Zuspätkommen, unentschuldigtes Fehlen, Nichtbefolgung von Anweisungen oder eine unerlaubte Nebentätigkeit sein. Eine Abmahnung soll den Betroffenen darauf hinweisen, dass ihm eine Kündigung droht, wenn er sein Verhalten nicht ändert. Sollte es evtl. zu einem Prozess vor dem Arbeitsgericht kommen, werden Abmahnungen vom Arbeitgeber im Vorfeld einer Kündigung erwartet. Auch muss nachgewiesen werden, dass der Arbeitnehmer diese erhalten hat (Einschreiben, Übergabe vor Zeugen, Bestätigung durch Unterschrift).

Abmahnungen dürfen nur von berechtigten Mitarbeitern ausgesprochen werden, in der Regel von Führungskräften. Wichtig ist, dass die Abmahnung möglichst schnell dem Fehlverhalten folgt, spätestens nach 14 Tagen.

Folgende Elemente sollte eine Abmahnung enthalten:

- genaue Beschreibung des Fehlverhaltens (am besten mit Datum, Uhrzeit)
- Missbilligung des Verhaltens
- Beschreibung des erwarteten korrekten Verhaltens
- Hinweis auf die Konsequenzen, sollte sich das Fehlverhalten wiederholen

Alkohol am Arbeitsplatz

Plusminus GmbH
Habichtweg 3
50829 Köln

22. Februar 200X

Herrn
Thomas Fritsch
Luisenstr. 44

50679 Köln

Abmahnung

Sehr geehrter Herr Fritsch,

am 15. Februar (14:00 Uhr) und am 18. Februar 200X (10:30 Uhr) sind Sie von Ihrem Vorgesetzten, Herrn Müller, alkoholisiert am Arbeitsplatz angetroffen worden. Sie hatten offensichtlich Mühe, das Gleichgewicht zu wahren und Ihre Arbeit zu erledigen. Durch Aussagen Ihrer Kollegen wissen wir, dass es bereits früher zu einem solchen Fehlverhalten kam. Damit haben Sie wiederholt gegen unser betriebliches Alkohlverbot verstoßen.

Wir können Ihr Verhalten in keinster Weise tolerieren und bitten Sie, sich in Zukunft an das betriebliche Alkoholverbot zu halten.

Im Wiederholungsfall müssen Sie mit einer Kündigung Ihres Arbeitsverhältnisses rechnen.

Bitte bestätigen Sie auf der Empfangsbestätigung, dass Sie die Abmahnung erhalten und zur Kenntnis genommen haben. Eine Kopie dieses Schreibens wird zu Ihrer Personalakte genommen.

Till Henschling
Geschäftsführer

Anlage
Empfangsbestätigung

Arbeitsverweigerung

[…]

Abmahnung

Sehr geehrter Herr Ruf,

zu unserem Bedauern mussten wir feststellen, dass Sie Ihre arbeitsvertraglichen Pflichten in grober Weise verletzt haben. Durch Ihr im Folgenden geschildertes Verhalten sehen wir uns gezwungen, Sie auf die ordnungsgemäße Erfüllung Ihrer arbeitsvertraglichen Verpflichtungen hinzuweisen.

Ihr Vorgesetzter, Herr Richter, forderte Sie am 13. März 200X um 16.10 Uhr auf, Ihren Arbeitsplatz aufzuräumen. Er bat Sie, den Montageplatz 2 sowie die dazugehörenden Werkzeuge zu reinigen. Trotz mehrmaliger Aufforderung durch Herrn Richter weigerten Sie sich, der Anweisung Ihres Vorgesetzten Folge zu leisten, und verließen stattdessen das Werkgelände. Dieses Verhalten bezeugen Ihre Arbeitskollegen Wolfgang Heise und Thomas Späth.

Nach Ziffer 6 Ihres Arbeitsvertrages gehört das Aufräumen des Arbeitsplatzes ausdrücklich zu Ihren arbeitsvertraglichen Pflichten.

Sie haben mit Ihrem Verhalten Ihre Pflichten aus dem Arbeitsverhältnis verletzt. Wir fordern Sie hiermit nachdrücklich auf, Ihre im Arbeitsvertrag festgehaltenen Pflichten zukünftig ordnungsgemäß zu erfüllen und den Anweisungen Ihrer Vorgesetzten Folge zu leisten.

Im Falle einer Wiederholung des in dieser Abmahnung gerügten Verhaltens behalten wir uns vor, Ihr Arbeitsverhältnis zu kündigen.

Eine Durchschrift dieser Abmahnung wird Ihrer Personalakte beigefügt.

Mit freundlichen Grüßen

Anlagen
Empfangsbestätigung
Schriftliche Aussage von Herrn Richter

Unentschuldigtes Fehlen

[...]

Abmahnung

Sehr geehrter Herr Strassner,

zu unserem Bedauern mussten wir feststellen, dass Sie Ihre arbeitsvertraglichen Pflichten in schwerwiegender Weise verletzt haben. Ihr im Folgenden geschildertes Verhalten veranlasst uns, Sie auf die ordnungsgemäße Erfüllung Ihrer arbeitsvertraglichen Verpflichtungen hinzuweisen:

Sie haben am 5., 6. und 7. März 200X unentschuldigt am Arbeitsplatz gefehlt, ohne Ihren Vorgesetzten oder die Personalabteilung über Ihre Abwesenheit zu informieren. Dadurch kam es zu erheblichen Störungen in den betrieblichen Abläufen, da Ihre Arbeitskollegen Ihre Arbeit übernehmen mussten. In Folge fielen eine Reihe von nicht geplanten Überstunden an, da wichtige Terminaufträge bearbeitet werden mussten.

Sie haben damit Ihre Pflichten aus dem Arbeitsverhältnis, insbesondere die Arbeitsleistungspflicht, verletzt. Wir fordern Sie hiermit ausdrücklich auf, das oben geschilderte Verhalten zukünftig zu unterlassen und Ihre Pflichten aus dem Arbeitsverhältnis ordnungsgemäß zu erfüllen.

Im Fall einer Wiederholung Ihres in dieser Abmahnung gerügten Verhaltens behalten wir uns vor, Ihr Arbeitsverhältnis ordnungsgemäß, unter Umständen sogar außerordentlich fristlos zu kündigen.

Eine Durchschrift dieser Abmahnung legen wir in Ihrer Personalakte ab.

Mit freundlichen Grüßen

Anlage
Empfangsbestätigung

Zuspätkommen

[…]

Abmahnung

Sehr geehrter Herr Vogt,

bedauerlicherweise sind Sie in den letzten Wochen wiederholt zu spät an Ihrem Arbeitsplatz erschienen, wie uns Ihr Meister, Herr Schmitz, bestätigte. Allein in der letzten Woche handelte es sich um folgende Tage:

Montag, 22.03.200X,	um 8:45 Uhr
Dienstag, 23.03.200X,	um 9:05 Uhr
Mittwoch, 24.03.200X,	um 8:40 Uhr
Freitag, 25.03.200X,	um 9:10 Uhr

Laut Arbeitsvertrag beginnt Ihre Arbeitszeit zwischen 7:00 und 8:00 Uhr. Wir sind in Zukunft nicht mehr gewillt, Ihr Verhalten zu tolerieren, und fordern Sie auf, Ihr Verhalten umgehend zu ändern. Im Interesse eines geregelten Betriebsablaufs ist unsere Firma auf die Pünktlichkeit aller Mitarbeiter angewiesen.

Wir weisen Sie mit Nachdruck darauf hin, dass bei weiteren Verstößen dieser Art eine Kündigung Ihres Arbeitsverhältnisses erfolgen kann.

Bitte quittieren Sie den Erhalt dieser Abmahnung auf der beiliegenden Empfangsbestätigung. Eine Kopie dieses Schreibens wird zu Ihrer Personalakte genommen.

Mit freundlichen Grüßen

Anlagen
Empfangsbestätigung
Schriftliche Aussage von Herrn Schmitz

Empfangsbestätigung bei Abmahnung

Empfangsbestätigung

Durch meine Unterschrift bestätige ich, dass die Angaben vollständig sind und den Tatsachen entsprechen. Die Abmahnung habe ich am .... erhalten und zur Kenntnis genommen.

.... (Ort und Datum)

.... (Unterschrift des Mitarbeiters)

Absage

Allgemeine Hinweise

Absagen sind Negativbotschaften und aus diesem Grund oft nicht leicht zu formulieren. Machen Sie sich dennoch die Mühe, denn es ist eine Frage der Höflichkeit. Absagen können erforderlich werden bei Einladungen, die nicht angenommen werden können, Bewerbungen, die nicht in Frage kommen, Terminverschiebungen oder auch bei Angeboten, die nicht geeignet erscheinen.

Absage auf Einladungen

Manchmal genügt ein kurzes Telefonat, in vielen Fällen erscheint ein kurzer Brief angebracht. Begründen Sie, weshalb Sie verhindert sind und der Einladung nicht Folge leisten können. Bringen Sie Ihr Bedauern zum Ausdruck und vergessen Sie nicht die Glückwünsche (je nachdem, um was für eine Feierlichkeit es sich handelt). Evtl. können Sie einen Ersatztermin vorschlagen. Ihre Absage sollte immer so schnell wie möglich erfolgen, damit die Gegenseite planen bzw. organisieren kann.

Absage auf Bewerbungen

Vielleicht haben Sie selbst schon einmal die Erfahrung gemacht, wie es ist, eine Absage auf eine hoffnungsvoll losgeschickte Bewerbung zu bekommen? Dann wissen Sie um die Frustration, die damit verbunden ist. Absagen auf Bewerbungen sollten immer möglichst individuell auf den Bewerber zugeschnitten sein, allgemeine Formulierungen und Floskeln sind nicht erwünscht. Kommt ein Bewerber überhaupt nicht in Frage, sollte die

Absage möglichst schnell verschickt werden. Ist die Bewerbung »zweite Wahl«, schicken Sie zumindest einen Zwischenbescheid. Sobald die Stelle besetzt ist, versenden Sie umgehend die verbleibenden Absagen.

Absage auf Angebote

Selbst bei angeforderten Angeboten ist es nicht die Regel, eine Absage zu formulieren. Zwar sind Sie Anbietern keine Rechenschaft schuldig – keine Antwort auf ein Angebot ist gleichbedeutend mit einer Absage. Aber erstens sind Absagen höflich, und zweitens kann einer Absage ein günstigeres Angebot folgen, wenn der Anbieter unbedingt im Rennen bleiben will. Außerdem können Sie für eventuelle zukünftige Angebote Ihre Vorstellungen formulieren. Wenn Sie bei einer Absage die Möglichkeit einer Nachkalkulation geben, nennen Sie am besten eine Frist, binnen der das neue Angebot erfolgen soll.

Absage einer Absolventenmesse

Titan-Institut für Verpackung
Silberbornstr. 14–18
60320 Frankfurt a. M.

5. März 200X

Arbeitsamt III Frankfurt a. M.
Frau Dachs
Untermainkai 64

60329 Frankfurt a. M.

2. Frankfurter Absolventenmesse am 15. Mai 200X

Sehr geehrte Frau Dachs,

vielen Dank für Ihre Einladung zur 2. Frankfurter Absolventenmesse. Leider ist es uns aus terminlichen Gründen nicht möglich, an der Messe teilzunehmen, da wir zu diesem Zeitpunkt das Institut auf einer Fachmesse vertreten.

Falls Sie nächstes Jahr wieder eine Absolventenmesse veranstalten, können Sie sich gerne wieder an uns wenden.

Mit freundlichen Grüßen

Karin Bacherer
Planung und Kommunikation

Absage eines Angebots

[…]

Ihr Angebot vom 2. Juni 200X

Sehr geehrter Herr Katzer,

vielen Dank für Ihr Angebot. Die Qualität der aufgezeigten Produkte hat uns überzeugt. Allerdings liegt im Vergleich zu anderen Anbietern Ihr Preis zu hoch.

Aus diesem Grund können wir das Angebot in der vorliegenden Form leider nicht annehmen. Sehen Sie eine Möglichkeit, es neu zu kalkulieren und uns mit dem Preis entgegenzukommen? Dann senden Sie uns bitte bis zum 24. Juni ein neues Angebot.

Vielen Dank und mit freundlichen Grüßen

Absage einer Einladung

[…]

Sehr geehrte Frau Stern,

ich bedanke mich zunächst herzlich für Ihre Einladung. Leider kann ich zur Eröffnung Ihrer neuen Geschäftsräume nicht kommen, da ich mich zu diesem Zeitpunkt in unserem Werk in Mailand befinde.

Für die Feier wünsche ich Ihnen viel Erfolg. Bei nächster Gelegenheit werde ich Sie in den neuen Räumen besuchen.

Herzliche Grüße

Absage wegen Ruhestand

[…]

Ihre Anfrage zum Symposium am 15. März 200X

Sehr geehrter Herr Dr. Fischer,

vielen Dank für Ihre Einladung zum Symposium mit dem Titel »Breitensport – neue Wege« auf der SPORTS-Messe, die von meinem Institut an mich weitergeleitet wurde.

Ich möchte Ihnen mitteilen, dass ich mich seit Oktober dieses Jahres im »Ruhestand« befinde und in Hamburg einen neuen Lebensabschnitt begonnen habe.

Meine früher gerne wahrgenommenen Aufgaben werden nun von meinem tüchtigen Nachfolger, Herrn Prof. Dr. Curt Jäger, fortgeführt, an den Sie bitte diese und folgende Einladungen richten möchten.

Ich denke gerne an die Kontakte und Gespräche über gemeinsam interessierende Fachfragen zurück und danke Ihnen dafür. Für die Bewältigung Ihrer Aufgaben wünsche ich Ihnen weiterhin viel Glück.

Mit freundlichen Grüßen

Absage eines Kurses

[…]

Aquarellkurs F3 (März bis Juli 200X)

Sehr geehrte Kursteilnehmer und Kursteilnehmerinnen,

zu unserem großen Bedauern müssen wir Ihren o. g. Kurs absagen.

Frau Malinke fühlt sich aus gesundheitlichen Gründen nicht in der Lage, den Kurs durchzuführen.

Da der Kurs fast ausschließlich Teilnehmer hat, die schon seit vielen Jahren von Frau Malinke unterrichtet werden, wäre eine Kursvertretung keine gute Lösung gewesen. Über die weiteren Angebote unserer Malakademie können Sie sich gerne unter der Telefonnummer 089 445567 informieren (9 bis 16 Uhr).

Wir hoffen, dass Frau Malinke den Kurs nächstes Semester wieder übernehmen wird, und bitten um Ihr Verständnis.

Mit freundlichen Grüßen

Anfrage

Allgemeine Hinweise

Mit einer allgemein formulierten Anfrage können Infomaterial, Prospekte, Preislisten o. Ä. angefordert werden. Eine spezielle Anfrage ist detaillierter und enthält meist eine Bitte um ein konkretes Angebot. Entsprechend sind die Fragen und eigenen Angaben präziser formuliert.

Elemente einer speziellen Anfrage:

- Absender
- Betreffzeile: Angebotsanforderung
- Grund der Anfrage
- Informationen über das eigene Unternehmen
- möglichst genaue Beschreibung des gesuchten Produkts
- gewünschte Liefermenge, -ort und -termin
- Liefer- oder Zahlungsbedingungen erbitten
- Termin für das Angebot nennen
- Ansprechpartner nennen
- evtl. Hinweis auf längerfristige Zusammenarbeit
- Dank im Voraus

Anfrage Musikinstrumente

Musikschule Bienlein
Rupprechtstr. 3
95444 Bayreuth

12. Februar 200X

Musik Lienhard
Linprunstr. 56

80335 München

Anfrage Musikinstrumente

Sehr geehrte Damen und Herren,

wir sind durch Ihre Anzeige in der Fachzeitschrift »Die Note« (Ausgabe Februar 200X) auf Ihr Unternehmen aufmerksam geworden.

Unsere Musikschule wird demnächst eine Filiale in München eröffnen. Bei der Anschaffung neuer Musikinstrumente legen wir großen Wert auf Qualität und Service.

Bitte schicken Sie uns einen Katalog und eine Preisliste Ihres Sortiments einschließlich Verkaufs- und Lieferbedingungen.

Vielen Dank im Voraus.

Mit freundlichen Grüßen

Hans Bienlein

Angebotsanforderung

[...]

Angebotsanforderung

Sehr geehrte Damen und Herren,

wir bitten um ein Angebot für die folgenden Geräte:

– Farblaserdrucker HP 2500N
– Druckkassetten für HP 2500N (Schwarz, Blau, Gelb, Rot) für jeweils 4000 Seiten
– Laser-Multifunktionsgerät 3330 MFP von HP
– Druckkassette für 3330 MFP für 2500 Seiten

Geben Sie uns bitte Lieferzeit, Gewährleistung und Zahlungsbedingungen Ihres Unternehmens an. Bitte senden Sie uns Ihr Angebot bis zum 5. Oktober 200X.

Vielen Dank im Voraus.

Anfrage Besichtigung

[...]

Anfrage Institutsbesichtigung

Sehr geehrte Damen und Herren,

ich bin Lehrer am Beruflichen Schulzentrum Frankfurt im Fachbereich Papierverarbeitung. An unserer Schule werden Verpackungsmechaniker, Papiermacher und Buchbinder zu Papiertechnikern weitergebildet. Zum Unterrichtsstoff gehört auch die Gestaltung und Konstruktion von Lebensmittelverpackungen sowie das Fach Kunststoffe und deren Verarbeitung.

Mir ist bekannt, dass sich Ihr Institut mit diesen Themengebieten wissenschaftlich auseinander setzt. Wäre es möglich, mit meinen Schülern (ca. 25) in nächster Zeit Ihr Institut zu besuchen, um dabei nähere Information an Ort und Stelle zu erhalten? Es würde sich um eine sinnvolle Ergänzung unserer Ausbildung handeln.

Ich wäre Ihnen sehr dankbar, wenn ein solcher Besuch möglich wäre. Bitte setzen Sie sich mit mir in Verbindung, Sie erreichen mich am besten Montag bis Donnerstag von 14–15 Uhr unter der Rufnummer 0641 9894959.

Mit bestem Dank und freundlichen Grüßen

Anfrage Fachliteratur

[…]

Anfrage Fachliteratur

Sehr geehrte Damen und Herren,

für die Vorbereitung meines Vortrags auf der Fachtagung »Lebensmittelverpackungen« im Juli 200X in Köln würde ich gerne folgende Veröffentlichungen Ihres Hauses einsehen:

TVV 1034: Oberflächenveredelung für Packstoffe
TVV 1276: Experimentieren für Kaschieren und Lackbeschichtung

Können Sie mir diese Veröffentlichungen zusenden? Entstehen dadurch Kosten für mich, wenn ja, in welcher Höhe?

Vielen Dank für Ihre Unterstützung.

Mit freundlichen Grüßen

Anfrage Filmaufnahmen

[…]

Filmaufnahmen für eine neue Technikserie

Sehr geehrte Damen und Herren,

unser Sender würde gerne für unseren Technikbeitrag »Moderne Verpackungen« einen rund 5-minütigen Filmbeitrag mit Aufnahmen aus Ihrem Institut bringen.

Interessant wären für uns vor allem die Bereiche Verfahrenstechnik und Materialentwicklung.

Bitte setzen Sie sich mit uns in Verbindung und benennen Sie uns einen kompetenten Ansprechpartner. Für Rückfragen steht Ihnen in unserem Studio Frau Wiesner (Telefon 06104 893444), die den Technikbeitrag betreut, zur Verfügung.

Wir hoffen, bald von Ihnen zu hören.

Mit freundlichen Grüßen

Anfrage Infomaterial

[…]

Bitte um Informationsmaterial

Sehr geehrte Damen und Herren,

als junges Unternehmen im Bereich Folien und Drucktechnik sind wir an den Forschungen und Veröffentlichungen Ihres Hauses sehr interessiert.

Bitte senden Sie uns ausführliches Informationsmaterial über Ihr Institut.

Mit freundlichen Grüßen

Anfrage Marktstudie

[...]

Anfrage Marktstudie über Kunststofffolien

Sehr geehrte Damen und Herren,

wie ich der Fachpresse entnehmen konnte, plant Ihr Unternehmen eine Marktstudie über spezielle Kunststofffolien des Typs PX.

Im Rahmen meiner Forschungstätigkeit wäre ich an der Vorgehensweise und den Ergebnissen der Marktstudie sehr interessiert. Können Sie mir Informationsmaterial zukommen lassen?

Ich bedanke mich im Voraus.

Mit freundlichen Grüßen

Angebot

Allgemeine Hinweise

Ein Angebot stellt häufig den ersten geschäftlichen Kontakt zwischen einem Unternehmen und einem potenziellen Kunden dar. Entsprechend wichtig sind eine ansprechende Form und ein guter Text. Die Vorteile des angebotenen Produkts (z. B. gutes Preis-/Leistungsverhältnis) und des Unternehmens (z. B. Service, Rabatte, Lieferung frei Haus usw.) sollen hervorgehoben werden. Da ein Angebot Grundlage für eine spätere Bestellung oder einen Kaufvertrag sein kann, sollen Preise, Qualität, Lieferfristen, Zahlungsbedingungen usw. möglichst genau beschrieben werden.

Einem Angebot kann eine Anfrage vorausgehen, es kann aber auch unverlangt an mögliche Kunden versandt werden. Angebote sind (ohne entsprechende Freizeichnungsklausel oder Einschränkungen) rechtlich bindend für den Anbieter.

Folgende Elemente sind in einem Angebot enthalten:

- Betreff: Angebot, evtl. Bezug auf Anfrage
- evtl. Dank für die Anfrage
- exakte Angaben zu der angebotenen Ware oder Dienstleistung (Bezeichnung, Art, Qualität, Vorzüge, Menge, Preis, Rabatte)
- falls vorhanden: Abweichungen von der Anfrage begründen
- Lieferzeit (oder Erstellungszeit)
- Verpackungs- und Transportkosten
- Liefer- und Zahlungsbedingungen bzw. Allgemeine Geschäftsbedingungen

- evtl. zeitliche Befristung des Angebots (»Dieses Angebot gilt bis einschließlich 15. April …«) oder Einschränkung (»Dieses Angebot ist freibleibend.«, »unverbindlich«, »ohne Obligo«)
- Erfüllungsort (»frei Haus«, »ab Werk«)
- Ansprechpartner

Angebot einer Installationsfirma

Kusch GmbH
Meisterbetrieb
Bendastr. 3
12051 Berlin

13. April 200X

Herrn
Klaus Weckel
Erdener Str. 33

14193 Berlin

Angebot 1201: Badrenovierung

Sehr geehrter Herr Weckel,

nach der Besichtigung Ihres Bades können wir Ihnen für die gewünschte Renovierung folgendes Angebot machen:

1 Stahlbadewanne 160x75 cm weiß, Typ Juwel	150,00 EUR
Wannenbatterie Einhebel chrom, Typ Picta	149,00 EUR
Waschtisch-Einhebelbatterie chrom, Typ Picta	99,00 EUR
Montage (10 Meisterstunden à 25,00 EUR)	250,00 EUR
	648,00 EUR

Alle Preis zuzüglich Mehrwertsteuer. Die Lieferung erfolgt frei Haus. Dieses Angebot gilt bis zum 15. Mai 200X.

Bei Zahlung innerhalb von 14 Tagen 2 % Skonto, innerhalb von 30 Tagen ohne Abzug.

Bitte beachten Sie auch unsere Verkaufs- und Lieferbedingungen, die wir Ihnen mitsenden.

Mit freundlichen Grüßen

Klaus Kusch

Angebot für Cateringservice

[...]

Ihre Anfrage vom 14. August 200X

Sehr geehrte Frau Walz,

vielen Dank für Ihre Anfrage vom 14. August 200X. Für die von Ihnen geplante Veranstaltung (Botanikum Palmenhaus, 20. November 200X, ca. 40 Personen) können wir Ihnen folgendes Angebot machen:

Mexikanisches Buffet: 40 Portionen à 40,00 € mit Nachos (inkl. Guacamole, Red Salsa, Sourcreme), Taquitos, Chili con Carne, verschiedenen gefüllten Enchiladas, Buffalo Wings, Tacos, Refried Beans, mexikanischem Reis, verschiedenen Salaten	1.600,00 €
Anlieferung, Auf- und Abbau pauschal	100,00 €

Die Gesamtkosten würden sich auf 1.700,00 € zzgl. Mehrwertsteuer belaufen.

Dieses Angebot ist bis zum 30. September 200X gültig.

Wir hoffen, dass Ihnen unser Angebot zusagt. Bei Rückfragen wenden Sie sich bitte an Herrn Gonzales (089 5568194).

Mit freundlichen Grüßen

Angebot für Geschäftspapiere

[…]

Unser Angebot für Geschäftspapiere
Ihr Anruf vom 30. September 200X

Sehr geehrter Herr Schneider,

vielen Dank für Ihre Anfrage.

Bitte entschuldigen Sie die verzögerte Antwort, diese wurde bedingt durch eine plötzliche Erkrankung.

Dafür wird es jetzt umso schneller gehen. Im Falle einer Auftragserteilung sagte mir die Druckerei bereits eine besonders rasche Bearbeitung zu.

Gemäß Ihren Wünschen können wir Ihnen folgendes Angebot machen:

Artikel	**Stückzahl**	**Stückpreis**	**Gesamtpreis**
Briefbögen DIN A4	300	0,60 €	180,00 €
Visitenkarten zum Klappen	100	1,80 €	180,00 €
Faxformulare	100	0,50 €	150,00 €
gesamt			510,00 €

Alle Preise zuzüglich Mehrwertsteuer.

Satzänderungen, Korrekturabzüge, Druckfilme und die Lieferung frei Haus sind in den Kosten inbegriffen.

Wir würden uns freuen, wenn Ihnen unser Angebot zusagt, und hoffen, bald von Ihnen zu hören.

Mit freundlichen Grüßen

Angebot für Vergoldearbeiten

[…]

Angebot für die Anfertigung eines vergoldeten Profils für das Objekt 45C

Sehr geehrte Frau Weiß,

für die Herstellung des Profils nach vorstehendem Entwurf und Montage an der Grundplatte sowie Polimentvergoldung des Profils und anschließende Tönung veranschlage ich 1.700,00 € zzgl. 16 % Mehrwertsteuer.

Die Lieferung kann bis Ende der 20. Kalenderwoche zugesichert werden.

Mit freundlichen Grüßen

Arbeitsvertrag

Allgemeine Hinweise

Arbeitsverträge sind meist schriftliche Vereinbarungen zwischen einem Arbeitgeber und einem Arbeitnehmer, in denen die Rechte und Pflichte der Vertragspartner geregelt sind. Hier können nur allgemeine Hinweise zu diesem Thema gegeben werden:

Form eines Arbeitsvertrags

Meist schriftlich, aber auch mündliche Arbeitsverträge sind prinzipiell möglich und rechtlich wirksam. Die schriftliche Form ist in den allermeisten Fällen vorzuziehen. Besteht ein mündlicher Vertrag, sollte innerhalb von zwei Monaten eine Niederschrift des Vertrags mit den wesentlichen Punkten zustande kommen. Befristete Verträge müssen von Anfang an schriftlich fixiert werden.

Inhalt eines Arbeitsvertrags

Folgende Punkte sollten im Vertragswerk vorhanden sein:

- Name und Anschrift der Vertragspartner
- Wann beginnt das Arbeitsverhältnis?
- Dauer bei befristeten Arbeitsverträgen
- Arbeitsort
- möglichst genaue Beschreibung der zu leistenden Tätigkeit
- Höhe und Zusammensetzung des Entgelts, evtl. Zuschläge, Zulagen, Prämien, Sonderzahlungen
- Fälligkeit des Entgelts

- vereinbarte Arbeitszeit
- Anzahl der Urlaubstage
- Kündigungsfristen
- Probezeit
- Evtl. Hinweis auf Tarifverträge, Betriebs- und Dienstvereinbarungen, die für das Arbeitsverhältnis gelten.
- Besonderheiten (z. B. Geheimhaltungspflicht, Rückgabe von Firmeneigentum usw.)

Vertragstypen

Meist werden Arbeitsverträge auf unbestimmte Zeit (unbefristeter Arbeitsvertrag) abgeschlossen. Stark im Kommen sind Teilzeitarbeitsverträge. Beim befristeten Arbeitsvertrag (z. B. Mutterschaftsvertretung) ist Verschiedenes zu beachten, z. B. dass für die Befristung ein sachlicher Grund angegeben werden muss (außer bei Kleinbetrieben, die generell befristete Verträge vereinbaren dürfen). Für Details wenden Sie sich an einen Arbeitsrecht-Experten.

Probezeit

Die Vereinbarung einer Probezeit im Arbeitsvertrag (befristet und unbefristet) ist üblich. Meist sind sechs Monate vorgesehen. Innerhalb dieser Probezeit kann der Vertrag sowohl von Seiten des Arbeitsgebers als auch des Arbeitnehmers normalerweise mit einer Frist von 14 Tagen gekündigt werden.

Arbeitsvertrag für Aushilfstätigkeit

Anstellungsvertrag zur Aushilfe

Zwischen

Park Sport & Wellness
Wildbachstr. 12
80803 München

(Arbeitgeber)

und

Herrn
Robert Wild
Im Tal 3
803399 München

(Arbeitnehmer)

wird Folgendes vereinbart:

§ 1 Beginn des Arbeitsverhältnisses/Tätigkeit

Herr Wild wird mit Wirkung ab dem 1. Mai 200X für die Dauer von 2 Monaten (von 1.5.200X bis 31.6.200X) als Aushilfe im Bereich Aerobic eingestellt.
Die Befristung erfolgt aus folgenden Gründen: Auslandsaufenthalt von David Dern

§ 2 Beendigung

Das Beschäftigungsverhältnis endet nach Ablauf der vereinbarten Zeit, ohne dass es einer Kündigung bedarf. Während der Dauer der Befristung des Aushilfsarbeitsverhältnisses kann das Beschäftigungsverhältnis von beiden Seiten unter Einhaltung einer Frist von 7 Tagen gekündigt werden.

§ 3 Arbeitszeit

Die regelmäßige Arbeitszeit beträgt 35 Wochenstunden an 6 Tagen.

§ 4 Vergütung

Der Arbeitnehmer erhält eine monatliche Vergütung von 1.200 Euro. Die Vergütung ist jeweils am Monatsende fällig und wird auf das dem Arbeitgeber angegebene Konto angewiesen.

§ 5 Urlaub

Der Arbeitnehmer hat Anspruch auf .... Werktage Erholungsurlaub, dessen Lage mit dem Arbeitgeber abzustimmen ist.

§ 6 Arbeitsverhinderung

Im Falle einer krankheitsbedingten oder aus sonstigen Gründen veranlassten Arbeitsverhinderung hat der Arbeitnehmer den Arbeitgeber unverzüglich zu informieren. Bei Arbeitsunfähigkeit infolge Erkrankung ist dem Arbeitgeber innerhalb von 3 Tagen ab Beginn der Arbeitsunfähigkeit eine entsprechende ärztliche Bescheinigung vorzulegen.

§ 7 Verschwiegenheitspflicht

Der Arbeitnehmer wird über alle betrieblichen Angelegenheiten, die ihm im Rahmen oder aus Anlass seiner Tätigkeit in der Firma bekannt geworden sind, auch nach seinem Ausscheiden Stillschweigen bewahren.

§ 8 Weitere Beschäftigungen

Der Arbeitnehmer verpflichtet sich, während der Dauer der Aushilfstätigkeit keiner entgeltlichen Nebenbeschäftigung nachzugehen, durch die seine Arbeitsleistung beeinträchtigt werden kann.

§ 9 Ausschlussklausel

Ansprüche aus dem Arbeitsverhältnis müssen von beiden Vertragsparteien spätestens innerhalb des Monats nach Beendigung des Arbeitsverhältnisses schriftlich geltend gemacht werden. Andernfalls sind sie verwirkt.

§ 10 Formerfordernis

Nebenabreden und Vertragsänderungen bedürfen zu ihrer Rechtswirksamkeit der Schriftform. Diese Schriftformerfordernis kann weder mündlich noch stillschweigend aufgehoben oder außer Kraft gesetzt werden.

Die etwaige Unwirksamkeit einzelner Vertragsbestimmungen berührt die Wirksamkeit der übrigen Bestimmungen nicht.

München, den 15. April 200X

....	....
(Unterschrift Arbeitgeber)	(Unterschrift Arbeitnehmer)

Arbeitsvertrag für freie Mitarbeit

Vertrag über freie Mitarbeit

Zwischen

Plusminus GmbH
Habichtweg 3
50829 Köln

nachfolgend »Arbeitgeber« genannt

und

Herrn
Rainer Döbler
Hermesweg 4
50777 Köln

nachfolgend »Mitarbeiter« genannt

wird folgender Vertrag über freie Mitarbeit vereinbart:

§ 1 Tätigkeit

Herr Döbler wird ab dem 1. Mai 200X die Tätigkeit eines Grafikers mit folgenden Tätigkeiten übernehmen:

- Konzeption und Entwurf von Logos
- Erstellen von Flyern und Prospekten für verschiedene Projekte

§ 2 Weisungsfreiheit

Der Mitarbeiter unterliegt bei der Durchführung der übertragenen Tätigkeiten keinen Weisungen der Firma. Gegenüber den anderen Angestellten der Firma hat der Mitarbeiter keine Weisungsbefugnis.

§ 3 Arbeitsaufwand/Betriebliche Anwesenheit

Art und Umfang der mit dem Mitarbeiter nach § 1 übertragenen Aufgaben machen einen Zeitaufwand von ca. 15 Stunden pro Woche erforderlich. Eine betriebliche Anwesenheit von 2 Tagen ist erforderlich.

§ 4 Arbeitszeit/Konkurrenz/Verschwiegenheit

Im Übrigen unterliegt der Mitarbeiter in der Ausgestaltung seiner Arbeitszeit keinen Einschränkungen. Der Mitarbeiter darf auch für andere Arbeitgeber tätig sein, mit der Ausnahme unmittelbarer Konkurrenzfirmen. Der Mitarbeiter verpflichtet sich, über ihm im Rahmen seiner Tätigkeit bekannt gewordenen betrieblichen Interna, insbesondere Geschäftsgeheimnisse, Stillschweigen zu bewahren.

§ 5 Vergütung

Als Vergütung wird ein monatliches Pauschalhonorar von 1.200,00 Euro zuzüglich der jeweiligen gesetzlichen Mehrwertsteuer vereinbart. Grundlage für dieses Honorar ist ein durchschnittlicher Zeitaufwand von 60 Stunden pro Monat. Wird dieser Zeitaufwand durch die Übernahme zusätzlicher Aufgaben nachweislich überschritten, erhält der Mitarbeiter für jede weitere Arbeitsstunde ein Honorar von 20,00 Euro (zuzüglich der jeweiligen gesetzlichen Mehrwertsteuer).

Der Mitarbeiter ist verpflichtet, zusätzlich geleistete Arbeitsstunden innerhalb von 4 Wochen nach Anfall abzurechnen. Bei Überschreitung dieser Frist gelten die Ansprüche als verwirkt.

§ 6 Sonstige Ansprüche/Versteuerung

Mit der Zahlung der in § 5 vereinbarten Vergütung sind alle Ansprüche des Mitarbeiters gegen die Firma aus diesem Vertrag erfüllt. Für die Versteuerung der Vergütung hat der Mitarbeiter selbst zu sorgen.

§ 7 Fälligkeit

Das vereinbarte Pauschalhonorar wird jeweils zum Monatsende fällig. Die Auszahlung erfolgt unbar. Der Mitarbeiter wird innerhalb von 14 Tagen nach Beginn des Mitarbeiterverhältnisses der Firma ein Konto benennen, auf das das Honorar angewiesen werden kann.

§ 8 Kündigung

Die Kündigung des Vertrags ist spätestens am 15. eines Monats für den Schluss des Kalendermonats zulässig.

§ 9 Sonstiges

Der Abschluss eines Anstellungsvertrags ist seitens des Mitarbeiters in Anwendung des Grundsatzes der Vertragsfreiheit bewusst nicht gewünscht worden. Eine Umgehung arbeitsrechtlicher oder arbeitsgesetzlicher Schutzvorschriften ist nicht beabsichtigt. Dem Mitarbeiter soll vielmehr die volle Entscheidungsfreiheit bei der Verwertung seiner

Arbeitskraft belassen werden. Eine über den Umfang dieser Vereinbarung hinausgehende persönliche, wirtschaftliche oder soziale Abhängigkeit wird nicht begründet.

§ 10 Nebenabreden

Nebenabreden und Änderungen des Vertrags bedürfen zu ihrer Wirksamkeit der Schriftform. Dieses Formerfordernis kann weder mündlich noch stillschweigend aufgehoben oder außer Kraft gesetzt werden. Die etwaige Unwirksamkeit einzelner Vertragsbestimmungen berührt die Wirksamkeit der übrigen Bestimmungen nicht.

München, den 15. September 200X

....	....
(Unterschrift Arbeitgeber)	(Unterschrift Mitarbeiter)

Nicht tarifgebundener Arbeitsvertrag

Arbeitsvertrag

Zwischen

Klöppler & Co.
Werdescher Markt 44
10117 Berlin

nachfolgend »Arbeitgeber« genannt

und

Herrn
Thomas Vogt
Rykestraße 2
10405 Berlin

nachfolgend »Mitarbeiter« genannt

§ 1 Beginn des Arbeitsverhältnisses
Das Arbeitsverhältnis beginnt am .... und wird auf unbestimmte Zeit abgeschlossen.

§ 2 Probezeit, Kündigung in der Probezeit
Die ersten 6 Monate gelten als Probezeit mit 2-wöchiger Kündigungsfrist. Wird nach der Probezeit gekündigt, so gelten die Kündigungsfristen gemäß § 10 dieses Vertrags.

§ 3 Tätigkeitsgebiet, Zuweisung anderer Tätigkeiten, Nebentätigkeit
1. Der Mitarbeiter wird als .... für den Aufgabenbereich .... eingestellt.
2. Der Mitarbeiter ist verpflichtet, auf besondere Anordnung auch andere – seinen Fähigkeiten und seiner Aus- und Fortbildung entsprechende – zumutbare Tätigkeiten außerhalb seines Aufgabenbereichs zu verrichten (ohne Einfluss auf die vereinbarte Vergütung).
3. Der Mitarbeiter verpflichtet sich, die ihm übertragenen Aufgaben sorgfältig auszuführen. Während der Dauer des Arbeitsverhältnisses ist jede Übernahme einer entgeltlichen oder unentgeltlichen Nebentätigkeit nur mit vorheriger Zustimmung des Arbeitgebers

zulässig. Die Zustimmung ist zu erteilen, wenn die Nebentätigkeit die Wahrnehmung der dienstlichen Aufgaben zeitlich nicht oder allenfalls unwesentlich behindert und sonstige berechtigte Interessen des Unternehmens nicht beeinträchtigt werden.

§ 4 Arbeitszeit, Arbeitsort, Zuweisung eines anderen Arbeitsortes

1. Die wöchentliche Arbeitszeit beträgt derzeit .... Stunden.
2. Die Arbeitszeiteinteilung (Beginn, Ende, Pausen) erfolgt nach der – gegebenenfalls mit dem Betriebsrat vereinbarten – jeweils gültigen betrieblichen Arbeitszeitregelung, die automatisch Bestandteil dieses Vertrags wird.
3. Der Mitarbeiter ist verpflichtet, arbeitstäglich eine Mittagspause von 30 Minuten einzuhalten, die in der Zeit von .... zu nehmen ist.
4. Der Mitarbeiter übt seine Tätigkeit am Firmensitz in .... aus. Der Arbeitgeber behält sich vor, den Mitarbeiter – unter Beachtung der Zumutbarkeitsgrenzen – auch an einem anderen Ort einzusetzen.

§ 5 Vergütung

1. Das Festgehalt des Mitarbeiters beträgt pro Monat .... Euro brutto und wird jeweils am Ende des Monats gezahlt. Das Gehalt wird auf ein vom Mitarbeiter zu benennendes Bank- oder Postbankkonto überwiesen.
2. Eventuelle Zahlungen von Gratifikationen, Prämien und ähnlichen Leistungen liegen in freiem Ermessen des Arbeitgebers. Sie sind freiwillig und begründen auch bei wiederholter, ohne ausdrücklichen Vorbehalt der Freiwilligkeit erfolgter Zahlung keinen Rechtsanspruch im Folgejahr.

§ 6 Abtretung und Verpfändung des Arbeitseinkommens

Gehaltsabtretungen sind nur mit Zustimmung des Arbeitgebers zulässig und wirksam. Bei einer Gehaltsabtretung bzw. -pfändung trägt der Mitarbeiter die hierfür entstehenden Kosten. Sie betragen als Pauschale pro Überweisung .... Euro und pro notwendiges

Schreiben .... Euro. Bei Nachweis höherer tatsächlicher Kosten ist das Unternehmen berechtigt, diese in Ansatz zu bringen. Dem Mitarbeiter steht der Nachweis offen, ein Schaden sei überhaupt nicht oder nur in geringer Höhe entstanden.

§ 7 Arbeitsverhinderung, Vergütungsfortzahlung im Krankheitsfall

1. Der Mitarbeiter verpflichtet sich, dem Arbeitgeber jede Arbeitsverhinderung und ihre voraussichtliche Dauer unverzüglich mitzuteilen.
2. Der Mitarbeiter verpflichtet sich, im Falle der Arbeitsunfähigkeit infolge Krankheit, die länger als 3 Kalendertage dauert, am darauf folgenden Arbeitstag eine ärztliche Bescheinigung über die Arbeitsunfähigkeit sowie über deren voraussichtliche Dauer vorzulegen. Bei einer über den angegebenen Zeitraum hinausgehenden Erkrankung ist eine Folgebescheinigung innerhalb von weiteren 3 Tagen nach Ablauf der vorangegangenen einzureichen.
3. Ist der Mitarbeiter an der Arbeitsleistung infolge von auf unverschuldeter Krankheit beruhender Arbeitsunfähigkeit verhindert, leistet der Arbeitgeber Fortzahlung der Vergütung nach Maßgabe des Entgeltfortzahlungsgesetzes.
4. Wird der Mitarbeiter durch Handlungen eines Dritten arbeitsunfähig, gehen die dem Mitarbeiter gegenüber dem Dritten zustehenden Schadensersatzansprüche wegen Verdienstausfalls in der Höhe auf den Arbeitgeber über, in welcher der Arbeitgeber während der Zeit der Arbeitsunfähigkeit Entgeltfortzahlung geleistet hat.

§ 8 Spesen und Auslagen

Reisekosten und sonstige Aufwendungen, die mit Genehmigung und im Interesse des Arbeitgebers entstehen, werden entsprechend den steuerlichen Vorschriften erstattet.

§ 9 Urlaub

1. Der Mitarbeiter hat Anspruch auf einen jährlichen Erholungsurlaub von 30 Werktagen.

2. Der Urlaub wird vom Arbeitgeber unter Berücksichtigung der betrieblichen Belange und der Wünsche des Mitarbeiters festgelegt.
3. Es gelten die Vorschriften des Bundesurlaubsgesetzes (einzusehen im Personalbüro).

§ 10 Beendigung des Arbeitsverhältnisses, Kündigung
1. Beide Parteien können das Arbeitsverhältnis unter Einhaltung der gesetzlichen Kündigungsfristen kündigen.
2. Die Kündigung hat in jedem Fall schriftlich zu erfolgen.
3. Ohne dass es einer Kündigung bedarf, endet das Arbeitsverhältnis mit Ablauf des Monats, nach welchem der Mitarbeiter Rente wegen voller Erwerbsminderung oder Erreichung der Altersgrenze bezieht. Den Bescheid der zuständigen Behörden hierüber hat der Mitarbeiter unverzüglich dem Arbeitgeber vorzulegen. Die Parteien sind sich darüber einig, dass das Arbeitsverhältnis jedoch spätestens mit Ablauf des Monats endet, in dem der Mitarbeiter das 65. Lebensjahr vollendet.

§ 11 Freistellung von der Arbeitspflicht
Nach einer Kündigung des Arbeitsvertrags durch eine der beiden Parteien ist der Arbeitgeber jederzeit befugt, den Mitarbeiter mit sofortiger Wirkung von seiner Verpflichtung zur Arbeitsleistung für den Arbeitgeber unter Fortzahlung der Vergütung freizustellen, wenn ein sachlicher Grund (z. B. Wegfall der Vertrauensgrundlage oder Gefahr des Geheimnisverrats) vorhanden ist. Die Freistellung erfolgt unter Anrechnung restlicher Urlaubsansprüche auf den Erholungsurlaub, soweit dem keine schutzwürdigen Belange des Arbeitnehmers entgegenstehen.

§ 12 Verschwiegenheitspflicht
1. Der Mitarbeiter ist verpflichtet, über alle ihm bekannten Angelegenheiten, Vorgänge, Verträge und Geschäftsbeziehungen, die als Angelegenheiten vertraulicher Natur von der Geschäftsleitung schriftlich gekennzeichnet oder mündlich bezeichnet worden sind oder

als solche zu erkennen sind, innerhalb und außerhalb des Betriebs und auch nach seinem Ausscheiden aus dem Arbeitsverhältnis Verschwiegenheit zu bewahren.
2. Dazu gehören neben Geschäfts- und Betriebsgeheimnissen auch persönliche Verhältnisse der Mitarbeiter und Vorgesetzten.
3. Ein Verstoß gegen die Verschwiegenheitspflicht führt zu einem Schadensersatzanspruch des Arbeitgebers; in Extremfällen kann auch eine ordentliche oder außerordentliche Kündigung gerechtfertigt sein. Außerdem wird der Mitarbeiter darauf hingewiesen, dass Geheimnisverrat nach § 17 Gesetz gegen den unlauteren Wettbewerb (UWG) auch strafbar ist.

§ 13 Vertragsstrafe bei Vertragsbruch

Im Falle einer schuldhaften Nichtaufnahme der Tätigkeit oder Nichteinhaltung der gesetzlichen Kündigungsfrist oder bei Veranlassung der fristlosen Kündigung wegen schuldhaften vertragswidrigen Verhaltens durch den Mitarbeiter verpflichtet sich dieser, dem Arbeitgeber eine Vertragsstrafe in Höhe eines Bruttomonatseinkommens zu zahlen, ohne dass der Arbeitgeber verpflichtet ist, einen Schaden nachzuweisen. Gleiches gilt auch für den Vertragsrücktritt vor Beginn des Arbeitsverhältnisses. Der Arbeitgeber ist berechtigt, einen weiter gehenden Schaden geltend zu machen.

§ 14 Ausschluss- und Verfallsfristen

1. Alle Ansprüche aus diesem Arbeitsvertrag und solche, die damit in Verbindung stehen, verfallen, wenn sie nicht innerhalb von 6 Monaten nach Fälligkeit gegenüber der anderen Vertragspartei schriftlich geltend gemacht worden sind. Nach Beendigung des Arbeitsverhältnisses verkürzt sich diese Frist auf 2 Monate.
2. Lehnt die andere Vertragspartei den Anspruch ab oder erklärt sie sich nicht innerhalb von 4 Wochen nach der Geltendmachung des Anspruchs, so verfällt dieser, wenn er nicht innerhalb von 2 Monaten nach der Ablehnung oder dem Fristablauf gerichtlich geltend gemacht wird.

§ 15 Sonstige Bestimmungen

1. Änderungen und Ergänzungen dieses Vertrags bedürfen der Schriftform; dies gilt auch für einen Verzicht auf das Schriftformerfordernis selbst.
2. Mündliche Nebenabreden zu diesem Vertrag bestehen nicht.
3. Sollten sich einzelne Bestimmungen dieses Vertrags als unwirksam erweisen, so wird dadurch die Wirksamkeit der übrigen Bestimmungen nicht berührt.

....

Ort, Datum

....

Unterschrift Arbeitgeber

....

Unterschrift Mitarbeiter

Bestellung

Allgemeine Hinweise

Bestellungen können mündlich oder schriftlich getätigt werden. In den meisten Fällen ist eine schriftliche Form vorzuziehen. Liegt einer Bestellung ein verbindliches Angebot zugrunde, muss sie vom Anbieter nicht extra bestätigt werden. Ohne verbindliches Angebot im Vorfeld ist die Bestellung erst dann gültig bzw. gilt der Kaufvertrag erst dann als geschlossen, wenn der Anbieter dies bestätigt.

Elemente einer Bestellung:

- Betreff: Worauf bezieht sich die Bestellung (Angebot, Anzeige, Infomaterial usw.)?
- Dank für Angebot, Katalog usw.
- »Wir bestellen …« mit genauen Angaben (Art, Umfang, Größe, Gewicht, falls vorhanden: Artikelnummer, Menge usw.)
- Angabe des Preises (Einzelpreis, Gesamtpreis)
- Angaben zur Lieferung
- falls gewünscht: Bitte um Auftragsbestätigung

Bestellungen können auch widerrufen werden, allerdings muss die Rücknahme mindestens gleichzeitig (besser noch vor der Auslieferung) beim Lieferanten eingehen. Manchmal ist daher eine Eilzustellung oder ein Telegramm notwendig. Einem mündlichen Widerruf sollte unbedingt eine schriftliche Stornierung des Auftrags folgen.

Bestellung Wasserbetten

Hotel am Schlosspark
Freisinger Str. 55
85445 Schwaig

18. September 200X

Aloha Wasserbetten
Herrn Eigner
Zusamstr. 23

86165 Augsburg

Ihr Angebot vom 20. August 200X

Sehr geehrter Herr Eigner,

entsprechend Ihrem Angebot vom 20. August 200X bestellen wir hiermit:

10 Wasserbetten Typ Z3	
1 x 2 m, inklusive Bezüge	12.000,00 EUR
6 Wasserbetten Typ X2	
2 x 2 m, inklusive Bezüge	14.000,00 EUR
Gesamtpreis	**26.000,00 EUR**

zzgl. 16 % gesetzliche Mehrwertsteuer

Sie sichern eine Lieferung frei Haus innerhalb von 14 Tagen zu. Bitte kontaktieren Sie mich wegen eines genauen Termins.

Mit freundlichen Grüßen

Adelinde Kahn

Widerruf einer Bestellung

[…]

Widerruf unserer Bestellung vom 13. Oktober 200X

Sehr geehrte Damen und Herren,

mit gleicher Post geht bei Ihnen heute eine Bestellung von uns ein über

2 komplette Sitzgarnituren (acta, Artikelnummer 377AC2-2, jeweils 6 Stühle, Farbe Blau) zu jeweils 2.999,00 EUR.

Mit diesem Schreiben widerrufen wir die Bestellung, da unser Kunde gerade seinen Auftrag storniert hat.

Wir bitten um Ihr Verständnis für unsere Situation. Bitte schicken Sie uns eine schriftliche Bestätigung über den Widerruf unserer o. g. Bestellung.

Mit freundlichen Grüßen

Bewerbung

Allgemeine Hinweise

Eine Bewerbung muss in ihrer Erscheinung und formal korrekt sein, vor allem aber soll sie auf den Bewerber aufmerksam machen. Denn in den allermeisten Fällen ist die Zahl der Mitbewerber groß, es sei denn, Sie starten eine so genannte Initiativbewerbung oder auch »Blindbewerbung«. Grundsätzlich gilt: Zeigen Sie sich von Ihrer besten Seite – und achten Sie in allen Teilen Ihrer Unterlagen auf eine korrekte Rechtschreibung.

Bemühen Sie sich, einen persönlichen Ansprechpartner zu ermitteln. Wenn in einer Stellenanzeige kein Name genannt wird, versuchen Sie, die zuständige Person herauszufinden (das gilt auch für Initiativbewerbungen). Haben Sie eine solche Person ausfindig gemacht, nutzen Sie die Chance, sie telefonisch zu kontaktieren und sich damit vielleicht schon aus der Masse der Bewerber herauszuheben.

Die kompletten Bewerbungsunterlagen:

- Anschreiben (außerhalb der Mappe mit den restlichen Bewerbungsunterlagen)
- Lebenslauf mit Foto
- evtl. Handschriftenprobe (wird selten verlangt, dann bietet sich u. U. ein selbst geschriebener Lebenslauf an)
- Zeugnisse
- weitere Unterlagen (evtl. Arbeitsproben, Referenzen usw.)
- evtl. ein Kurzprofil (die so genannte »Seite 3«)

Tipps für die Bewerbungsunterlagen

Anschreiben

Das Anschreiben soll übersichtlich sein und das Interesse auf Ihre weiteren Bewerbungsunterlagen wecken.

Verwenden Sie weißes Papier DIN A4, möglich ist auch ein persönlicher Briefbogen. Absender mit Telefonnummer, evtl. E-Mail-Adresse versehen. Achten Sie darauf, die vollständige Adresse des Unternehmens, bei dem Sie sich bewerben, anzugeben. Wenn möglich, den Namen einer Kontaktperson einsetzen. Beachten Sie evtl. Bewerbungsfristen, schicken Sie die Bewerbung ca. 3–4 Tage nach dem Erscheinen der Anzeige los. In der Betreffzeile steht »Bewerbung als …« und Erscheinungsort und -datum der Stellenanzeige (»Anzeige in der Berliner Morgenpost vom 14.11.200X«).

Dann kommt die Anrede; wenn keine Kontaktperson vorhanden ist, geht Ihr Anschreiben an: »Sehr geehrte Damen und Herren«.

Der Standardsatz am Anfang einer Bewerbung lautet meist: »Hiermit bewerbe ich mich …«. Es gibt originellere Lösungen. Stellen Sie deutlich heraus, warum genau Sie für genau diesen Job die/der Richtige sind. Aber Vorsicht: Eine ausführliche Schilderung Ihrer beruflichen Qualitäten gehört in den Lebenslauf, nicht in das Anschreiben.

Bei angefragten Gehaltsvorstellungen ist das gewünschte Jahresgehalt zu nennen. Sie können es auch ohne Anfrage nennen.

Unterschreiben Sie handschriftlich und weisen Sie auf die Anlagen hin.

Lebenslauf

Üblich ist eine tabellarische, möglich aber auch eine ausführliche Form. Meist steht oben die Absenderadresse, oft mit Telefonnummer, rechts oben wird das Foto angebracht. (Es empfiehlt sich eine Punktklebung, dennoch auf die Rückseite des Fotos Name und Adresse schreiben.) Der Betreff »Lebenslauf« kann ober- oder unterhalb der Adresse stehen.

Im Lebenslauf sollten Ihre persönlichen Daten, Schul- und Berufsausbildung (nur die Abschlüsse) und die bisherige Berufstätigkeit mit evtl. Arbeitsschwerpunkten und Leistungsnachweisen genannt werden. Vermeiden Sie zeitliche Lücken, die Personalchefs meist auffallen. Versuchen Sie z. B., Phasen der Arbeitslosigkeit oder »Auszeiten« positiv zu begründen.

Weitere Inhalte des Lebenslaufs sind z. B. Fortbildungen und weitergehende Qualifikationen (besondere fachliche oder persönliche Kenntnisse).

Unter den Lebenslauf kommen Datum sowie die eigenhändige Unterschrift.

Maximale Länge des Lebenslaufs: 2 Seiten. Wichtig ist eine übersichtliche und ansprechende Form.

Zeugnisse

Immer nur in Form von Kopien beilegen. Die Originale können auf Wunsch später vorgezeigt werden. Das aktuellste Zeugnis wird nach oben geordnet. Welche Zeugnisse Sie beilegen, kommt auf den Stand Ihrer Berufstätigkeit an. Ein Berufsanfänger wird sein Schulabschlusszeugnis beilegen, ein angehender Filialleiter nicht.

Nachfassbrief

Ihre Bewerbung ist unterwegs, Sie wurden (evtl.) verständigt, dass die Unterlagen angekommen sind und geprüft werden, und dann kommt lange nichts. Hier können Sie einen Nachfassbrief schreiben, in dem Sie noch einmal Ihr großes Interesse an der Stelle äußern.

Initiativbewerbung

Dies ist eine so genannte »Blindbewerbung«, d. h., Sie reagieren nicht auf ein Stellengesuch, sondern bieten Ihre Arbeitskraft einem Unternehmen ohne Aufforderung an. Natürlich sind die Chancen, dass genau zu diesem Zeitpunkt eine geeignete Stelle für Sie frei ist, nur gering. Auf der anderen Seite haben Sie kaum Konkurrenten. Ist Ihre Bewerbung für das Unternehmen interessant, werden die Unterlagen evtl. einbehalten für später frei werdende Stellen.

Initiativbewerbungen sollten individuell formuliert sein. Betonen Sie, warum Sie gerade bei diesem speziellen Unternehmen arbeiten wollen.

Kurzprofil (die so genannte »Seite 3«)

Für Bewerbungen der etwas ungewöhnlichen Art. In wenigen kurzen Sätzen machen Sie deutlich, warum gerade Sie die oder der Richtige für die ausgeschriebene Stelle sind.

Neben dem Anschreiben ist diese Seite also das individuelle Element Ihrer Bewerbung. Fügen Sie die »Seite 3« Ihrer Bewerbung nur dann hinzu, wenn Sie sie für außerordentlich gelungen halten.

Initiativbewerbung Aushilfstätigkeit

Andreas Mond
Am Berg 14
86788 Karlsfeld
0881 78431

Karlsfeld, 12. Juni 200X

Spedition Transair
Personalabteilung
Postfach 43 43

80994 München

Bewerbung

Sehr geehrte Damen und Herren,

mit diesem Schreiben bewerbe ich mich um eine Aushilfstätigkeit in Ihrem Unternehmen.

Am 29. Juni werde ich meine Abiturprüfungen abgeschlossen haben. Die Zeit vor dem Beginn des Zivildienstes (November 200X) möchte ich sinnvoll nutzen und mich durch praktische Erfahrungen auf die Berufswelt vorbereiten. Für mein geplantes Betriebswirtschaftsstudium könnte ich in Ihrer Firma sicher wertvolle Erfahrungen machen. Zu meinen persönlichen Stärken zähle ich Einsatzfreude und Leistungsbereitschaft.

Ich möchte mich in nächster Zeit gern bei Ihnen vorstellen und freue mich auf ein persönliches Gespräch.

Mit freundlichen Grüßen

Andreas Mond

Anlage
Lebenslauf

Initiativbewerbung Diplom-Ingenieur

[…]

Initiativbewerbung als Diplom-Ingenieur Elektrotechnik

Sehr geehrte Frau Mehring,

vielen Dank für das freundlich-informative Telefonat. Wie angekündigt, sende ich Ihnen meine Bewerbungsunterlagen.

Kurz zu meiner Person:

- Diplom-Ingenieur Elektrotechnik (TU), 32 Jahre alt
- Praktikant im Siemens-Forum, München
- Werkstudent in den Siemens-Bereichen Energieübertragung und -verteilung sowie Halbleitertechnik in München

Zudem verfüge ich über Auslandserfahrung und bin gelernter Feinmechaniker.

Zu meinen wesentlichen Persönlichkeitsmerkmalen gehören ausgeprägte Kommunikations- und Begeisterungsfähigkeit, ein breites Interessensspektrum sowie ein hohes Maß an Flexibilität und Eigeninitiative.

Ich strebe einen Einsatz in den Bereichen

- Industrial Engineering,
- Fertigung oder
- Projektierung an.

Über eine Einladung zu einem persönlichen Gespräch freue ich mich.

Mit freundlichen Grüßen

Anlagen
Lebenslauf
Zeugnisse

Bewerbung als Filialleiter

[…]

Bewerbung als Filialleiter
Ihre Anzeige in der Berliner Morgenpost vom 10.07.200X

Sehr geehrte Frau Seibold,

nach dem informativen Telefonat mit Ihnen sende ich hier meine Bewerbungsunterlagen. Im Folgenden eine kurze Darstellung meiner Person:

– Diplom-Betriebswirt, Kommunikationstechniker, 37 Jahre alt
– 5 Jahre Berufserfahrung als Gebietsleiter
– hoch motiviert, leistungsstark und zielorientiert
– Erfahrung in Personaldienstleistungen

Meine Gehaltsvorstellungen liegen bei 60.000 Euro. Der früheste Eintrittstermin wäre der 1. Dezember 200X.

Über eine Einladung zu einem persönlichen Gespräch freue ich mich.

Mit freundlichen Grüßen

Anlagen
Lebenslauf
Zeugniskopien

Bewerbung als Sekretärin

[…]

Bewerbung als Sekretärin
Ihre Anzeige vom 8.02.200X in der Abendzeitung

Sehr geehrte Frau Warnke,

Sie suchen für Ihren Vertriebsleiter eine tüchtige Sekretärin. Ihre Anzeige in der Abendzeitung hat mich in besonderem Maße angesprochen, denn für diese Aufgabe kann ich meine erworbenen Fähigkeiten und Kenntnisse bestens einsetzen.

Seit fünf Jahren arbeite ich als Sekretärin und Sachbearbeiterin im Großhandel. Durch meinen Einsatz als Springerin für verschiedene Abteilungen habe ich vielfältige und umfangreiche Erfahrungen sowohl im kaufmännischen Bereich als auch in der Erledigung sämtlicher Sekretariatsaufgaben erworben. Zu meinen persönlichen Stärken zähle ich eine hohe Leistungsbereitschaft und Belastbarkeit. Jetzt möchte ich mich beruflich verbessern und meine Fähigkeiten und Kenntnisse konzentriert für einen Chef einsetzen.

Ich freue mich über eine Einladung zum Vorstellungsgespräch.

Mit freundlichen Grüßen

Anlagen
Zeugniskopien
Lebenslauf
Lichtbild

Einladung zum Vorstellungsgespräch

[…]

Ihre Bewerbung als Verlagslektor vom 23. Februar 200X

Sehr geehrter Herr Walz,

vielen Dank für Ihre Bewerbung.

Ihre Unterlagen sind bei uns auf großes Interesse gestoßen. Wir möchten Sie daher persönlich kennen lernen und bitten Sie zu einem Gespräch in unser Verlagshaus.

Ihre Gesprächspartner werden der Leiter der Personalabteilung, Herr Dr. Schmidt, und der Lektoratsleiter, Herr Reinhardt, sein.

Als Gesprächstermin schlagen wir die 29. Kalenderwoche vor. Bitte setzen Sie sich für eine verbindliche Terminabsprache mit Frau Berger (Telefon 09092 34567) in Verbindung.

Wir freuen uns auf Ihren Besuch.

Mit freundlichen Grüßen

Lebenslauf mit Leistungsprofil

(Foto)

Regina Valentin, 37 Jahre

Ich biete Ihnen …
Problemlösungen in den Bereichen EDV, Marketing und Organisation.

Mein Arbeitsstil ist geprägt durch
- schnelles Auffassungsvermögen,
- einen klaren Blick für das Wesentliche,
- ein hohes Maß an Selbstständigkeit, Disziplin und Eigenverantwortung und
- die Fähigkeit, schnell innovative Lösungen zu finden.

Beruflicher Hintergrund

seit Mai 2001	Telefonseelsorge München e.V. Spendenmarketing, Öffentlichkeitsarbeit und Organisation bei der Vorbereitung der Jubiläumsfeierlichkeiten; Aufrüstung der EDV-Anlage, Schulung der Mitarbeiter
2000–2001	Fortbildung bei der Deutschen Kaufmännischen Akademie Schwerpunkte Marketing und EDV
1997–1999	Berufsbegleitende EDV-Weiterbildung an der Technischen Universität München
1996–1999	Sachbearbeiterin mit EDV-Systembetreuung beim Sanitätshaus SaniPlus, Einführung und Optimierung der EDV

1994	Umsiedlung nach München Mitarbeit in der Abteilung Reha beim Sanitätshaus SaniPlus
1994	Mitarbeit bei der Verlagsdruckerei ZeitPlan in Berlin Organisation, EDV, Grafik, Satz und Fotografie Leiterin der Bildredaktion bei der Zeitung »alex« in Berlin
1991–1993	Geburt unseres Sohnes Laurin und Unterbrechung der Berufstätigkeit für zwei Jahre
1987–1991	Sachbearbeiterin bei einer Autobahnraststätte in Berlin

Schulbildung

1983–1985	Zugangsprüfung zur technischen Fachhochschule Abschluss (Abitur) als Industriekauffrau
1980–1983	Berufsbildende Fachoberschule Ausbildung zur Technischen Zeichnerin
1970–1980	Grund- und Hauptschule in Berlin

Weiterbildung

2001	Deutsche Kaufmännische Akademie München: »Kaufmännische Fachkraft mit Schwerpunkt Marketing, EDV, allgemeine Betriebswirtschaftslehre mit Finanzbuchhaltung«, Abschlussnote 1,3
1998	Weiterbildung an der Technischen Universität München: »EDV-Anwendung in der kaufmännischen Sachbearbeitung« Abschlussprüfung bei der IHK München, Abschlussnote 1,25

Besondere Kenntnisse

EDV	– vertiefte Kenntnisse des Betriebssystems Windows 2000 – LAN- und DFÜ-Netzwerk unter Windows 2000 – sehr gute Kenntnis der Umgebung Windows XP – alle gängigen Anwendungsprogramme: Winword, Excel, Access – vertiefte Erfahrungen im Einsatz von Corel Draw (bis Version 8.0), – Adobe Photoshop, Aldus PageMaker
Fotografie	berufliche Erfahrungen bei der Zeitung und im Verlagswesen, Reportage und Illustration mehrere Ausstellungen von digital verfremdeten Bildern
Sprachen	Englisch, Französisch, Spanisch
Hobbys	Computergrafik, Fraktalgrafik, Multimedia, Fotografieren und Bergwandern in den Alpen
Beruflich …	bin ich flexibel und offen für – projektbezogene oder globale Aufgaben, – Voll- und Teilzeitbeschäftigung und – freie oder feste Mitarbeit.

München, 12. Dezember 200X

Lebenslauf tabellarisch

Lebenslauf

Bernd Schneider
Connollystraße 54
80809 München
089 3547788

geboren am 14. Januar 1970, unverheiratet

Ausbildung

1986	mittlere Reife, Baldur-Realschule, München
1986–1989	Lehre zum Industriekaufmann bei der Meister OHG, München
1991–1994	Abendgymnasium München, Abschluss Abitur

Berufstätigkeit

11/89–12/95	Sachbearbeiter Rechnungslegung, Meister OHG, München Hausinterne Fortbildung zum Fachwirt Personalwesen
01/96–09/00	Gruppenleiter in der Personalabteilung, Feldmeister Papierwaren AG, Nürnberg Verantwortlich für die Auszubildenden, Praktikanten und Aushilfskräfte

seit 10/00 Leiter der Personalabteilung, Feldmeister Papierwaren AG, Nürnberg
Übernahme aller personalwirtschaftlichen Aufgaben, insbesondere Entwicklung eines hausinternen Fortbildungswesens

Besondere Qualifikationen

Sprachen	Gute Englischkenntnisse in Wort und Schrift
EDV	Fundierte Kenntnisse in: Windows XP, Excel, Word

München, 23. Juni 200X

Lebenslauf mit Projektbezug

Klaus Bergmann
Bendastr. 2
12051 Berlin
030 534 31 15

Lebenslauf

geboren am 25. März 1961 in Friedrichshafen, ledig, zwei Kinder

Ausbildung und Beruf

1980	Abitur in Friedrichshafen
1980–84	Studium Bauingenieurwesen, RWTH Aachen
1984–85	Zivildienst in der Chirurgischen Poliklinik München
1986–89	Berufsfachschule für Holzbildhauer, München Abschluss im Juli 1989 als Holzbildhauer
seit 1990	selbstständig tätig mit eigener Werkstatt in Berlin
1989–1991	berufsbegleitende Studien am Institut für Kunstgeschichte, Berlin

Ausgewählte holzbildhauerische Arbeiten

1989	**Wieskirche** Schnitzergänzungen an den Beichtstühlen *(im Auftrag von Max Ernst, Restaurator, München)*
1990–96	**Neue Bischöfliche Residenz Passau** Schnitzergänzungen an Wandpaneelen, Konsoltischen, Spiegeln, Wandappliken und Rahmungsleisten der Wandbespannungen *(im Auftrag des Staatlichen Hochbauamts Passau)*
1993	**Neues Schloss Berlin** Rekonstruktion zweier Blütenstrauch-Tische *(im Auftrag der Berliner Schlösserverwaltung, Museumsabteilung, Berlin)*
1995	**Kloster Rinchnach** Schnitzergänzungen an Gestühl und Beichtstühlen *(im Auftrag von Fred Walter, Restaurator, Berlin)*
1996	**Palais Schnapper, Wien** Rekonstruktion einer Wandapplik (Schwan) und Schnitzergänzungen der Wandpaneele, des Treppenhauses und des Kamins *(im Auftrag von Holger Wanst, Restaurator, Wien)*

1996–97	**Karthaus Prüll, Regensburg** Schnitzergänzungen an Chorgestühl und bekrönenden Figuren *(im Auftrag von Max Ernst, Restaurator)*
1997	**Dresden** Gruppe von vier Fauteuils *(im Auftrag von Rolfner, Kunsthandel Berlin)*
1998	**Wallfahrtskirche St. Elizabeth, Dresden** Chorgestühl und Portal *(im Auftrag von Rolfner, Kunsthandel Berlin)*
1999	**Bischöfliche Residenz Berlin** Eingangsportale *(im Auftrag des Staatlichen Hochbauamts Berlin)*
2000	**Cathedrale St.-Bertrand-de-Comminges, Frankreich** Schleierbretter der Orgel (Renaissance) *(im Auftrag von François Poizat, Restaurator, Toulouse)*
2001	**Kreuzherrenkloster Memmingen** Renaissance-Decke *(im Auftrag der Berliner Schlösserverwaltung, Museumsabteilung, Berlin)*
2002	**Wallfahrtskirche Worming** Chorgestühl und Beichtstühle *(im Auftrag des Staatlichen Hochbauamts Berlin)*
2003	**Eglise de Saint-Cirq-Lapopie, Frankreich** Altar *(im Auftrag von François Poizat, Restaurator, Toulouse)*
2003–04	**Kunstgewerbemuseum Berlin, Schloss Köpenick** Ornamente der Renaissance-Decke *(im Auftrag des Staatlichen Hochbauamts Berlin)*

Berlin, 19. September 200X

Beispiel für eine »Seite 3«

Was spricht für mich?

Meine Berufserfahrung

- Markt- und Konzeptionsanalysen für Akquisition, Sanierungen und Outsourcing spezieller Dienstleistungen
- Durchführung dieser Vorhaben
- Gesellschaftsrechtliche Betreuung von Beteiligungsunternehmen
- Mitentwicklung und -implementierung eines Controlling-Systems
- Verantwortung für die Liquiditäts- und Ergebnisplanung der zu betreuenden Unternehmen

Meine Arbeitsweise

Mein Organisationstalent ermöglicht es mir, eine Vielzahl von Aufgaben sicher und zeitgerecht zu erfüllen. Ein ausgeprägtes Kosten-Nutzen-Bewusstsein und die Fähigkeit, auch ungewohnte Problemlösungen zu finden, kommen mir dabei zugute.

Hannover, 12. Mai 200X

Zu meiner Person

Mein Lebenslauf steht für kontinuierliche Weiterbildung, Leistungsbereitschaft und Lernfähigkeit. Das Abitur auf dem zweiten Bildungsweg und die Qualifizierung zur Dokumentarin belegen das.

Ich verfüge über umfassende Erfahrungen in den Bereichen Organisation und Administration. Zu betonen sind meine sehr guten Sprachkenntnisse und deren sichere Anwendung durch meine Auslandsaufenthalte.

Als Single hat die Arbeit in meinem Leben einen besonderen Stellenwert. Ich würde mich sehr gern mit vollem Engagement der von Ihnen beschriebenen Aufgabe widmen.

Frankfurt, 1. Mai 200X

Einstellungsbescheid

[…]

Einstellung als Leiterin Informationszentrum

Sehr geehrte Frau Lindner,

wir bestätigen die zwischen Ihnen und Herrn Dr. Haubs geführte Unterredung, wonach Sie Ihre Tätigkeit als Leiterin des Informationszentrums in unserem Institut ab 01.08.200X aufnehmen.

Zur Erstellung eines Arbeitsvertrags durch unsere Verwaltung bitten wir Sie, uns die auf der beigefügten Liste angekreuzten Unterlagen zur Verfügung zu stellen bzw. die erforderlichen Angaben zu machen. Sollten sich dazu Ihrerseits noch Fragen ergeben, so stehen wir Ihnen gerne zur Verfügung.

Wir bitten Sie, uns den Durchschlag dieses Schreibens als Zeichen Ihres Einverständnisses sofort gegengezeichnet zurückzusenden.

Wir freuen uns auf eine angenehme Zusammenarbeit.

Anlage
Liste

Gehaltsangebot

[…]

Unsere Unterredung am 10. April 200X/Gehaltsangebot

Sehr geehrter Herr Schachner,

ich komme zurück auf unser Gespräch vom 10. April und darf mich nochmals sehr für Ihr Kommen und für die offene Aussprache bedanken.

Durch urlaubsbedingte Abwesenheit einiger Mitarbeiter komme ich erst heute dazu, Ihnen Ihre Gehaltsaussichten beim Klopstock-Verlag mitzuteilen.

In Anbetracht Ihrer Ausbildung können wir Ihnen ein Jahresbruttogehalt von 22.000,– Euro anbieten.

Bitte prüfen Sie Ihre Interessenlage auf der Basis dieser Verdienstmöglichkeiten und geben Sie mir – wie vereinbart – in der 17. KW eine entsprechende Benachrichtigung.

Mit freundlichen Grüßen

Kurzschreiben nach einem Bewerbungsgespräch

[…]

Ihre Bewerbung

Sehr geehrte Frau Müller,

wir haben Sie nach unserem gemeinsamen Gespräch in die engere Wahl um die Stelle einer Diplom-Übersetzerin für Englisch und Spanisch gezogen.

Bitte haben Sie noch ein paar Tage Geduld; wir werden Sie in Kürze von unserer endgültigen Entscheidung in Kenntnis setzen.

Mit freundlichen Grüßen

Terminvereinbarung für ein Bewerbungsgespräch

[…]

Ihre Bewerbung vom 4. Juni 200X

Sehr geehrte Frau Müller,

wir danken Ihnen für Ihre Bewerbung auf unser Stellenangebot im »Nürnberger Tagblatt« und Ihrem Interesse an unserem Unternehmen.

Herr Dr. Halle möchte Sie gerne zu einem Vorstellungsgespräch einladen und bittet Sie, sich zwecks einer baldigen Terminvereinbarung direkt mit ihm in Verbindung zu setzen. Sie erreichen ihn entweder unter der Telefonnummer 0911 85084053 oder unter seiner Mobilfunknummer 0175 28503485.

Mit freundlichen Grüßen

Absage eines Bewerbungsschreibens

[…]

Ihre Bewerbung als Systemadministrator vom 15. August 200X

Sehr geehrter Herr Ries,

vielen Dank für Ihre Bewerbung und Ihr Interesse an unserem Unternehmen.

Auf unsere Stellenanzeige in der »Frankfurter Allgemeinen« haben wir überraschend viele Bewerbungen erhalten, die alle sorgfältig geprüft wurden.

Trotz Ihrer sehr ansprechenden Unterlagen müssen wir Ihnen leider mitteilen, dass wir uns für einen anderen Bewerber entschieden haben. Ihre bisherige Berufserfahrung ist für die angebotene Stelle noch nicht ausreichend, ebenso fehlen Ihnen branchenspezifische Kenntnisse.

Wir hoffen, dass Sie bald eine adäquate Stelle finden, und wünschen Ihnen für die berufliche Zukunft alles Gute. Ihre Unterlagen schicken wir Ihnen mit diesem Schreiben zurück.

Mit freundlichen Grüßen

Anlage
Bewerbungsmappe

Absage einer Initiativbewerbung

[…]

Ihre Bewerbung vom 10. September 200X als Team-Assistentin

Sehr geehrte Frau Seeser,

wir bedanken uns für Ihre ansprechende Bewerbung. Eigeninitiative und Engagement werden in unserem Unternehmen immer geschätzt. Umso bedauerlicher ist es, dass zurzeit keine Stelle frei ist, die für Sie interessant sein könnte. Alle Positionen sind von Mitarbeitern bzw. Mitarbeiterinnen besetzt, die ihre Aufgaben zu unserer vollsten Zufriedenheit erledigen.

Wir wünschen Ihnen für die Suche nach einer interessanten Stelle viel Erfolg.

Mit freundlichen Grüßen

Buchung

Allgemeine Hinweise

Bei telefonischen Zimmerreservierungen ist es wichtig, sich eine schriftliche Buchungsbestätigung zusenden zu lassen. Dazu genügt auch ein Vermerk auf einer gefaxten Reservierung. Dieser Beleg gehört ins Reisegepäck.

Angaben für eine Reservierung bzw. Buchung:

- Absender, Datum
- Betreff: »Zimmerreservierung« (bzw. Anfrage)
- Bezug auf evtl. vorhandene Anfrage; Bestätigung der Reservierung mit genauer Angabe der Zimmerkategorie, Leistungen, Preise
- genaue Aufenthaltsdauer mit Datum
- evtl. weitere Hinweise (z. B. späte Anreise)
- Unterschrift

Zimmeranfrage

Schmidt & Kahlert
Allacher Str. 13
81229 München

31. Juni 200X

Ambassador Hotel
Haagstr. 3

14129 Berlin

Sehr geehrte Damen und Herren,

teilen Sie uns bitte unverbindlich mit, ob für das Wochenende vom 14./15. August 200X noch ein Einzelzimmer mit Dusche/WC in Ihrem Hotel frei ist und zu welchem Preis. Das Zimmer sollte möglichst ruhig gelegen sein.

Sie können uns Ihre Antwort gern faxen (089 1883764), ein handschriftlicher Vermerk würde genügen.

Mit freundlichen Grüßen

i. A.
Ursula Moll

Angebot für Hotelzimmer

[…]

Ihre Anfrage vom 19. Januar 200X

Sehr geehrte Frau Schenck,

wir beziehen uns auf Ihre freundliche Anfrage vom 19. März 200X und können Ihnen gerne wie folgt anbieten:

2 Einzelzimmer vom 07.04.200X–10.04.200X
2 Einzelzimmer vom 08.04.200X–10.04.200X
2 Einzelzimmer vom 09.04.200X–10.04.200X

Folgende Kategorien stehen bei den Einzelzimmern zur Verfügung:

STANDARD:	€ 140,–
MODERATE:	€ 160,–
SUPERIOR:	€ 180,–

Die Preise verstehen sich pro Zimmer und Nacht inklusive Frühstücksbuffet, Bedienungsgeld und 16 % Mehrwertsteuer.

Alle Zimmer sind mit Bad oder Dusche, WC, Radio, Telefon (ISDN-Anschluss), Kabel-TV, Pay-TV, Internet-/Modem-Anschluss, Minibar und Haarföhn ausgestattet. Weiterhin bieten wir ein Hallenschwimmbad, Sauna und Solarium. Der hoteleigene Parkplatz kann gegen eine Gebühr von derzeit € 10,– genutzt werden.

Unsere Zahlungskonditionen lauten auf volle Vorauskasse bis 4 Wochen vor Anreisetermin.

Der letzte kostenfreie Stornierungstermin der gesamten Buchung ist bis 4 Wochen vor Anreisetermin. Einzelne Zimmer können noch bis 1 Woche vor Anreise kostenfrei storniert werden.

Für eventuelle Fragen stehen wir Ihnen gerne zur Verfügung. Wir würden uns freuen, Ihre Mitarbeiter bei uns begrüßen zu dürfen.

Mit freundlichen Grüßen

[...]

Zimmerreservierung

Zimmerreservierung

Sehr geehrte Damen und Herren,

bitte reservieren Sie für unsere Firma 4 Einzelzimmer mit Bad/WC.

Anreise: 14. März 200X
Abreise: 16. März 200X

Sie sagten uns einen Preis von 75 Euro pro Nacht inklusive Frühstück zu.

Unsere Mitarbeiter werden am 14. März voraussichtlich nach 18.00 Uhr anreisen. Bitte vermerken Sie die späte Ankunft und nehmen Sie die Reservierung auf garantierter Basis vor.

Ich bitte um Bestätigung unserer Reservierung – gern auch als Vermerk auf diesem Schreiben. Bitte senden Sie uns eine Wegbeschreibung zu Ihrem Hotel.

Mit freundlichen Grüßen

Zimmerreservierung

[…]

Reservierung

Sehr geehrte Damen und Herren,

wie gestern telefonisch besprochen, möchte ich folgende Reservierungen tätigen:

2 Einzelzimmer (Kategorie Standard) vom 07.04.200X–10.04.200X
2 Einzelzimmer (Kategorie Standard) vom 08.04.200X–10.04.200X
2 Einzelzimmer (Kategorie Standard) vom 09.04.200X–10.04.200X

mit der Option der kostenlosen Stornierung aller Zimmer bis 4 Wochen vor Anreise bzw. der kostenlosen Stornierung einzelner Zimmer bis 1 Woche vor Anreise.

Bitte bestätigen Sie uns die Reservierung.

Mit freundlichen Grüßen

Dienstjubiläum

Allgemeine Hinweise

Einem langjährigen Mitarbeiter zum Dienstjubiläum gratulieren, ist eine nette Geste sowohl von der Geschäftsleitung als auch von Kollegen.

In einem solchen Schreiben können enthalten sein:

- Glückwunsch
- ein Exkurs über die Anfänge des Jubilars beim Unternehmen bis zum momentanen Stand
- eine persönliche Würdigung seiner Leistungen und seiner Bedeutung für das Unternehmen
- evtl. persönliche Erinnerungen
- ein Blick in die Zukunft

Glückwunschschreiben zum Dienstjubiläum

Dombuchhandlung
Dr. Peter Straub
Marktplatz 3
46397 Bocholt

31. Juli 200X

Herrn
Robert Wolff
Raesfeldstr. 33

46397 Bocholt

Sehr geehrter Herr Wolff,

zum 25-jährigen Berufsjubiläum möchte ich Ihnen ganz herzlich gratulieren.

Sie waren bereits als interessierter und engagierter Auszubildender ein Gewinn für unser Unternehmen, und das hat sich bis heute nicht geändert: Ihr großes Fachwissen, der freundliche und kooperative Umgang mit den Kunden und Ihre Fähigkeit, die Begeisterung für das Medium Buch auch an unsere Auszubildenden weiterzugeben, machen Sie zu einem sehr wertvollen Mitarbeiter.

Mit einem Präsent wollen wir uns für die gute Zusammenarbeit bedanken und hoffen, dass wir diese noch lange gemeinsam fortsetzen können.

Dr. Peter Straub
Geschäftsführer

Glückwunschschreiben zum Dienstjubiläum

[...]

Ihr 25-jähriges Dienstjubiläum

Liebe Frau Seidl,

heute vor 25 Jahren sind Sie als junge Auszubildende in unser Unternehmen eingetreten. Zu diesem Jubiläum gratulieren wir von ganzem Herzen.

Sie haben alle Höhen und Tiefen unserer Firma in den letzten Jahren miterlebt. Als Vertriebsleiterin haben Sie unser Unternehmen aktiv mitgeprägt und den Kontakt zu unseren Großkunden äußerst erfolgreich ausgebaut. Darüber hinaus konnten Sie auch Ihre Mitarbeiter zu Höchstleistungen motivieren.

Wir wissen Ihren vorbildlichen Einsatz, Ihre Begeisterungsfähigkeit und Ihre Loyalität gegenüber unserer Firma sehr zu schätzen und danken Ihnen dafür. Es wäre schön, wenn Sie uns auch zukünftig mit Ihrem Engagement so tatkräftig unterstützen würden.

Wir möchten Ihnen zu Ihrem Jubiläum gerne ein Präsent überreichen und laden Sie und Ihre Mitarbeiter deshalb zu einem Sektempfang mit anschließendem Buffet am Freitag, 22. Oktober 200X, 20 Uhr, im Hotel »Bismarck« ein.

Bitte geben Sie uns Bescheid, ob Ihnen der vorgeschlagene Termin zusagt.

Wir freuen uns auf den gemeinsamen Abend und grüßen Sie herzlich

Einladung

Allgemeine Hinweise

Firmen können z. B. zum Tag der offenen Tür, zu einer Weihnachtsfeier, einem Firmenjubiläum oder Seminaren und Schulungen einladen. Eine schriftliche Einladung ist hier in fast allen Fällen angeraten. Im Gegensatz zu privaten Einladungen wird hier nicht immer um eine Rückmeldung gebeten. Jedoch sollte immer ein Ansprechpartner für eventuelle Rückfragen angegeben werden.

Elemente einer Einladung:

- An wen geht die Einladung (Einzelperson, mit Anhang, Öffentlichkeit)?
- Bei Feierlichkeiten: Vergessen Sie auch ehemalige Mitarbeiter nicht.
- Anlass
- An welchem Tag/Datum? Um wie viel Uhr? Voraussichtliche Dauer?
- Wo? (Evtl.: Wie kommt man hin?)
- Hinweise (z. B. auf erwünschte Kleidung)
- bei Seminaren o. Ä.: evtl. Anmeldungsbogen beifügen

Einladung zu einer Eigentümerversammlung

ODVL Verwaltung GmbH
Hailingstr. 2
73035 Göppingen

8. März 200X

An alle Eigentümer der
Wohnungseigentümergemeinschaft
Strassnerstr. 10–22

73037 Göppingen

24. Eigentümerversammlung

Sehr geehrte Damen und Herren,

wir laden Sie ein zur Eigentümerversammlung der Wohnungseigentümergemeinschaft Strassnerstr. 10–22 am

Montag, 27. März 200X, um 19:00 Uhr

in unseren Geschäftsräumen in der Hailingstr. 2. Folgende Punkte stehen auf der Tagesordnung:

1. Jahresabschluss 200X:
   - Bericht des Verwaltungsbeirats
   - Jahresabrechnung 200X
   - Entlastung der Verwaltung
2. Wirtschaftsplan 200X/200X:
   - Gesamt- und Einzelwirtschaftsplan
3. ODVL:
   - Bericht des Treuhänders
   - Entlastung des Treuhänders
   - Wahl des Treuhänders
4. Wahl des Verwaltungsbeirats:
   - Entlastung des Verwaltungsbeirats
   - Wahl des Verwaltungsbeirats
5. Verschiedenes:
   - Heizungsablesung
   - mittelfristige Treppenhaussanierung
   - Information Versicherungsschäden

Wir weisen ausdrücklich darauf hin, dass diese Versammlung gemäß § 10 Abs. 2 der Teilungserklärung und gemäß dem Beschluss der Eigentümerversammlung vom 10.03.200X ohne Rücksicht auf die Höhe der vertretenen Miteigentumsanteile beschlussfähig ist.

Mit freundlichen Grüßen

ODVL Verwaltung GmbH

Einladung zu einem Symposium

[…]

Symposium auf der SPORTS-Messe am 15. März 200X

Sehr geehrter Herr Prof. Dr. Fürstenthal,

auf der diesjährigen SPORTS-Messe veranstaltet das Institut für Sportmedizin und Rehabilitation in Zusammenarbeit mit der Universität Münster ein Symposium mit dem Titel:

»Breitensport – Neue Wege«

Wir möchten Sie ganz herzlich dazu einladen. Nähere Informationen entnehmen Sie bitte dem beiliegenden Programm.

Für Rückfragen stehen wir Ihnen gerne zur Verfügung.

Mit freundlichen Grüßen

Anlage
Programmheft

Einladung zum Tag der offenen Tür

[…]

Einladung zum Tag der offenen Tür

Liebe Frau Bacherer,

wir möchten Sie als ehemaliges Mitglied herzlichst zu unserem

»Tag der offenen Tür«
am Samstag, den 30. September 200X, ab 14 Uhr
in der Pacellistr. 44, 44319 Dortmund,

einladen. Werfen Sie einen Blick hinter die Kulissen und lernen Sie unsere Betreuer und Trainer in geselliger Atmosphäre kennen. Um 15 Uhr wird unser neu eingerichtetes Schwimmbad feierlich eröffnet.

Wir hoffen, Sie am 30. September als unseren Gast begrüßen zu dürfen – wir würden uns freuen.

Mit freundlichen Grüßen

Einladung zu einer Trauerfeier

[…]

Trauerfeier für Dr. Herbert Kaufmann

Sehr geehrte Damen und Herren,

wir möchten Sie auf diesem Wege informieren, dass unser Geschäftsführer, Herr Dr. Herbert Kaufmann, am 10. Mai 200X nach langer Krankheit verstorben ist.

Diese Nachricht hat uns alle tief getroffen.

Seit über einem Jahrzehnt leitete er dynamisch und präzise die Geschicke unseres Verlags und führte das Unternehmen erfolgreich auch durch schwierige Zeiten.

Von ihm Abschied zu nehmen fällt uns allen sehr schwer.

Die Trauerfeier findet am Freitag, den 17. Mai 200X, auf dem Friedhof Tübingen um 12:00 Uhr statt.

Eine Wegbeschreibung ist als Anlage beigefügt.

Horst Thaler
Geschäftsführer

Anlage
Wegbeschreibung

Einladung zu einer Weihnachtsfeier

[…]

Weihnachtsfeier der etwas anderen Art …

Liebe Mitarbeiterinnen und Mitarbeiter,

wir haben es fast geschafft: Die in unserer Branche so anstrengende Vorweihnachtszeit ist bald vorbei. Ich möchte mich für Ihre engagierte Mitarbeit und Ihren großen Einsatz in den letzten Wochen herzlichst bedanken.

Doch ein »Danke« allein genügt nicht: Ich möchte Sie dieses Jahr zu einer Weihnachtsfeier der etwas anderen Art einladen. Am Freitag, den 17. Dezember, wird um 18 Uhr ein Bus vor unserer Firma bereitstehen. Er bringt uns in rund 2 Stunden nach St. Welden im Allgäu, wo im Hotel »Schneewehe« ausreichend Zimmer für eine Übernachtung gebucht sind. Für den Abend ist eine große Feier geplant, für den Samstagvormittag eine Pferdeschlittenfahrt. Nach dem Mittagessen holt uns der Bus um 14 Uhr wieder ab zur Heimfahrt.

Ich hoffe, dass Sie alle kommen können und viel gute Laune mitbringen. Bitte kurze Rückmeldung an Frau Schneider (Durchwahl -233) wegen der Zimmerreservierungen.

Dr. Renate Menzel
Geschäftsführerin

Information

Allgemeine Hinweise

Jedes Unternehmen gibt im Laufe der Jahre zahlreiche Schreiben heraus mit allgemeinen Informationen. Das können z. B. Umzugsmeldungen, Änderungen bei der Belegschaft, Beantwortung von allgemeinen Anfragen, Versenden von Jahresberichten, Änderungen bei Preisen oder den Allgemeinen Geschäftsbedingungen sein.

Änderung der Rechtsform eines Unternehmens

Meister Fleischwaren GmbH
Postfach 5593
84034 Landshut

27. März 200X

Selling GmbH
Herrn Müller
Alexanderplatz 3

10100 Berlin

Änderung der Rechtsform unseres Unternehmens

Sehr geehrter Herr Müller,

mit Wirkung vom 15. März 200X wurde durch Eintragung in das Handelsregister die Rechtsform unseres Unternehmens geändert. Zukünftig werden wir folgendermaßen firmieren: **Meister Fleischwaren GmbH**

Wir bitten um entsprechende Änderung der Stammdaten. Adresse, Konten, Geschäftsbedingungen usw. unseres Unternehmens bleiben unverändert.

Mit freundlichen Grüßen

Herbert Steinhoff
Meister Fleischwaren GmbH

Marktstudie

[…]

Ihre Anfrage zur Marktstudie »Kunstofffolien Typ PX«

Sehr geehrter Herr Dr. Jäger,

vielen Dank für Ihr Interesse. Leider müssen wir Ihnen mitteilen, dass die geplante Marktstudie über Kunstofffolien des Typs PX aufgrund zu geringer Nachfrage nicht erstellt wird.

Bei Rückfragen können Sie sich gerne an Frau Dr. Walz (dr.walz@titan.de) wenden.

Mit freundlichen Grüßen

Besuchsbestätigung

[…]

Ihr Besuch am 17. April 200X

Sehr geehrter Herr Stein,

mit diesem Brief möchte ich Ihnen den Besuchstermin mit Ihrer Schülergruppe am 17. April 200X bestätigen.

Sie erreichen uns am besten mit der Buslinie 313 ab Busbahnhof West, Haltestelle Silberbornstraße.

Wie abgesprochen, können wir ca. um 10.30 Uhr mit unserem Programm beginnen:

10.30 bis 11.00 Uhr	Führung im Technikum des Titan-Instituts
11.00 bis 11.30 Uhr	Vortrag über Kunststofffolien (Dr. Regina Bauer)
11.30 bis 12.00 Uhr	Laborführung (Walter Teicher)

Ich bitte um Bestätigung dieses Zeitplans.

Mit freundlichen Grüßen

Geheimhaltungsvereinbarung

[…]

Geheimhaltungsvereinbarung

Sehr geehrte Frau Steidle,

anbei erhalten Sie die bereits von ProSearch unterschriebene Geheimhaltungsvereinbarung. Ein Exemplar ist für Ihre Unterlagen bestimmt, das andere Exemplar schicken Sie bitte unterschrieben an mich zurück.

Mit freundlichen Grüßen

Infoblatt für eine Umfrage

Informationsblatt zur Umfrage

Wer nimmt an der Umfrage teil?
Instituts-, Verwaltungs- und Abteilungsleiter, Sicherheitsexperten und per Zufallsprinzip ermittelte Mitarbeiter.

Was ist beim Ausfüllen des Fragebogens zu beachten?
Bitte hinterlassen Sie auf dem Fragebogen und dem kleinen Briefumschlag kein Merkmal (z. B. Unterschrift, Kürzel), aus dem auf Ihre Identität zurückgeschlossen werden kann. So gekennzeichnete Briefe und Bögen werden sofort vernichtet.

Ich habe mehrere Fragebögen zugeschickt bekommen. Was soll ich damit tun?
Sind Sie als Sicherheitsexperte für mehrere Betriebsstätten bestellt, oder haben Sie mehrere Funktionen (z. B. Sicherheitsfachkraft und Brandschutzbeauftragter)? Dann füllen Sie bitte für jede Betriebsstätte und jede Funktion einen Bogen aus.

Wie schicke ich den Fragebogen zurück?
1. Legen Sie den Fragebogen nach dem Ausfüllen in den kleinen Briefumschlag und kleben Sie den Briefumschlag zu.
2. Legen Sie den kleinen Briefumschlag in den großen Umschlag.
3. Schicken Sie den Briefumschlag zum Gesamtbetriebsrat. Dieser leitet ihn anonymisiert an die Abteilung XY der Zentrale weiter.

Wie wird die Anonymität gesichert?
Die Briefumschläge werden zum Gesamtbetriebsrat gesendet. Dort wird der kleine Briefumschlag entnommen. Dadurch geht jede Verbindung vom Namen zum Fragebogen verloren.

Die Briefe mit den Fragebögen werden gesammelt und zur Auswertung an die Abteilung XY weitergeleitet, wo sie in einer Datenbank zusammengefasst werden. Die Daten werden ausschließlich von der Abteilung XY ausgewertet.

Was geschieht mit den Ergebnissen?
Die Ergebnisse der Auswertung werden in einem zusammenfassenden Bericht auf den Intranetseiten der Abteilung XY veröffentlicht.

Terminvereinbarung

[…]

Ihre Anfrage wegen einer Institutsbesichtigung

Sehr geehrter Herr Stein,

wir freuen uns an Ihrem Interesse an unserem Institut. Nach Rücksprache mit unserer Technikabteilung würden wir Sie und Ihre Schüler gerne zu einem Besuch einladen.

Wir schlagen eine Führung durch unser Technikum und unsere Labore vor und könnten Ihnen einen Vortrag über die Fertigung von Kunststofffolien anbieten.

Am günstigsten wäre ein Termin in der Woche vom 15. bis zum 19. April 200X. Bitte setzen Sie sich mit mir zwecks genauer Terminabsprache in Verbindung.

Mit freundlichen Grüßen

Neuer Firmenname

[…]

Namensänderung Glaserei J. Wenzel – Wenzel-Glas

Sehr geehrte Damen und Herren,

die Firma Glaserei J. Wenzel besteht seit nunmehr 25 Jahren.

Herr Wenzel ist in den Ruhestand gegangen, die Firma wird von seiner Tochter Adelheid Wenzel, Betriebswirtin und Meisterin im Glasapparatebau, weitergeführt.

Ab 1. Dezember 200X wird unser Unternehmen von Glaserei J. Wenzel in Wenzel-Glas umbenannt. Die Namensänderung wird an unseren Zielen für neue innovative Glasprodukte, an Ihren Ansprechpartnern, der Adresse und den Telefonnummern nichts ändern. Wir bitten Sie lediglich, in Ihren Adressdateien den neuen Firmennamen Wenzel-Glas einzusetzen.

Sie sind herzlich eingeladen, Näheres über uns, unsere Firma und unsere Produkte auf www.wenzel-glas.de zu erfahren.

Wir freuen uns darauf, unsere erfolgreiche Zusammenarbeit auch unter unserem neuen Namen Wenzel-Glas mit Ihnen fortzusetzen.

Mit freundlichen Grüßen

Preisänderung

[…]

Preisänderung bei internationalen Sendungen

Sehr geehrte Damen und Herren,

sicher kennen Sie die Preisentwicklungen der letzten Monate auf dem Ölmarkt. So hat sich z. B. das Flugbenzin seit Januar 200X dramatisch verteuert – um annähernd 50 %.

Für uns bedeutet das deutlich höhere Transportkosten für internationale Sendungen. Deshalb bitten wir Sie um Ihr Verständnis, dass wir – als letzter im Bunde der Kurier- und Expressdienste – zukünftig auf internationale Sendungen einen Treibstoffzuschlag erheben. Dieser Zuschlag ist variabel und wird einmal monatlich am Durchschnitt des täglichen Spotpreises für die Gallone Flugbenzin (Rotterdam ARA) errechnet.

Was genau bedeutet das für Sie?

- Den ersten Zuschlag auf unsere Tarife erheben wir am 1. Dezember 200X, voraussichtlich in Höhe von 3 %.
- Der Zuschlag wird auf der Rechnung ausgewiesen, und zwar separat für jede betroffene Sendung. Zuschläge beziehen sich nur auf internationale Sendungen.
- Der Zuschlag ist flexibel und wird monatlich neu errechnet. Fallende Treibstoffpreise bewirken natürlich eine Senkung bzw. gänzliche Aufhebung des Zuschlags.

Für weitergehende Informationen gehen Sie auf unsere Internet-Website (www.gl.com) oder sprechen Sie mit Ihrem GL-Berater. Wir hoffen auf Ihr Verständnis für diese Maßnahme und freuen uns auf Ihren nächsten Auftrag.

Mit freundlichen Grüßen

Umzugsmeldung

[…]

Wir ziehen um

Sehr geehrte Frau Wolters,

am Freitag, 19. März 200X, ist es endlich so weit: Wir ziehen um in ein neues, größeres Büro.

Deswegen sind wir an diesem Tag nur per Handy (0175 8983857) zu erreichen.

Ab Montag, 22. März 200X, sind wir wieder zu den gewohnten Zeiten für Sie da. Hier unsere neue Adresse:

Press GmbH
Schützenallee 44
30519 Hannover

Telefon: 0341 580998-0
Fax: 0341 580998-2

Die Ihnen bekannten Durchwahlnummern bleiben bestehen.

Wir freuen uns auf weiterhin gute Zusammenarbeit.

Mit freundlichen Grüßen

Kaufvertrag

Allgemeine Hinweise

Ein Kaufvertrag ist die Grundlage für Geschäfte. Generell gilt: Formulieren Sie den Vertrag möglichst exakt und vollständig. Für viele Kaufverträge gibt es auch vorformulierte Vordrucke. Bei komplizierten Vertragswerken sollten Sie einen Juristen hinzuziehen.

Folgende Elemente müssen in einem Kaufvertrag enthalten sein:

- Das Wort »Kaufvertrag« am Anfang des Textes
- Name und komplette Anschrift sowohl des Käufers als auch des Verkäufers
- Gegenstand des Vertrags
- Beschaffenheit des Vertragsgegenstands (z. B. »wie besichtigt«)
- Menge der verkauften Gegenstände
- Preis (Einzel- bzw. Gesamtpreis, gesetzliche Mehrwertsteuer extra ausweisen)
- evtl. Versand- und Verpackungskosten
- Lieferbedingungen und -termine
- Zahlungsbedingungen (Zeitpunkt, Kosten, Art und Weise der Zahlung)
- Garantie bzw. Gewährleistung (je nachdem, ob Verkäufer und/oder Käufer Unternehmer oder Privatpersonen sind, gibt es entsprechende gesetzliche Vorschriften)
- Eigentumsvorbehalt (d. h., solange nicht alle Forderungen aus dem Kaufvertrag erfüllt sind, verbleibt die Ware Eigentum des Verkäufers)
- Haftungsbegrenzung (die Haftungsansprüche an den Verkäufer werden begrenzt, z. B. wenn der Käufer die Ware grob fahrlässig oder vorsätzlich beschädigt)
- Erfüllungsort
- Gerichtsstand
- Datum des Vertragsabschlusses
- Unterschrift (handschriftlich)

Kaufvertrag über einen Computer

Kaufvertrag

Käufer: Roberta Valentin, Connollystr. 14, 80809 München

Verkäufer: Klaus Schneider PC-Service, Bergmannstr. 2, 80339 München

Kaufgegenstand
1 gebrauchter Personal Computer, Bezeichnung: Intel Pentium IV mit 2,8 GHz und 533 MHz Frontside Bus. Mainboard mit Intel Chipset (4 x PCI, 1 x AGP, 2 x seriell, 1 x parallel, 2 x USB), 512 MB RAMBUS PC-1066 Speicher, 120 GB Festplatte, DVD-Laufwerk, CDRW TEAC-Brenner, 3,5-Zoll-Diskettenlaufwerk, 3D-PCI-Sound, 128 MB DDR GeForce 4 VGA-Karte, thermogeregelter Lüfter. Dazu einen 17-Zoll-TFT-Flachbildschirm (hp L1720).

Preis
Komplett 1.102,00 Euro. In diesem Betrag sind 152,00 Euro Mehrwertsteuer enthalten.

Lieferbedingungen
Der Käufer erhält die Ware frei Haus.

Liefertermin
Die Lieferung erfolgt am 15. Oktober 200X.

Zahlungsbedingungen
Zahlung innerhalb von 30 Tagen nach Rechnungserhalt ohne Abzug oder nach 14 Tagen nach Rechnungserhalt abzüglich 2 % Skonto vom Gesamtwert (inklusive Mehrwertsteuer). Die Ware bleibt bis zur vollständigen Bezahlung Eigentum des Verkäufers.

Gewährleistung
Der Verkäufer garantiert die mängelfreie Qualität der Ware und übernimmt die Gewährleistung für 12 Monate ab Rechnungsdatum. Bei Mängeln ist die Ware mit einer Kopie der Rechnung und einer Mängelbeschreibung einzusenden.

Erfüllungsort und Gefahrenübergang sind die Räume des Käufers, der Gerichtsstand ist für beide Teile München.

Ort: München

Datum: 10. Oktober 200X

....

(Unterschrift des Verkäufers) (Unterschrift des Käufers)

Kündigung

Allgemeine Hinweise

Kündigungen können sowohl vom Arbeitgeber als auch vom Arbeitnehmer ausgehen und müssen immer schriftlich vorliegen. Achten Sie darauf, dass die gesetzlich und vertraglich festgesetzte Kündigungsfrist eingehalten wird. Machen Sie sich evtl. mit der aktuellen Rechtslage vertraut.

Generell gilt: Der Erhalt der Kündigung muss abgesichert und am besten schriftlich bestätigt werden. Beim Postweg ist ein Einschreiben mit Rückschein vorzuziehen.

Elemente einer Kündigung:

- Betreff: »Kündigung«
- Benennung des Kündigungszeitpunkts (unter Berücksichtigung der gültigen Fristen); ohne genaue Kenntnis der Ablauffrist: »… zum nächst möglichen Zeitpunkt«
- Grund für die Kündigung (in der Probezeit ist das nicht notwendig)
- evtl. Zeugnis anfordern
- Bitte um schriftliche Bestätigung der Kündigung
- Unterschrift

Generell gilt: Der Erhalt der Kündigung muss abgesichert und am besten schriftlich bestätigt werden. Beim Postweg ist ein Einschreiben mit Rückschein vorzuziehen.

Kündigung durch Arbeitnehmer

Peter Stiegler
Zweibrücker Str. 21
66538 Neunkirchen

25. April 200X

Einschreiben
Zeilinger Karosseriebau GmbH
Herrn Rudolf Steiner
Julius-Schwarz-Str. 3

66540 Neunkirchen

Kündigung meines Arbeitsverhältnisses

Sehr geehrter Herr Steiner,

wie bereits mündlich am 20. April 200X besprochen, kündige ich hiermit meinen Arbeitsvertrag mit der Firma Zeilinger Karosseriebau GmbH fristgerecht zum 15. Juli 200X aus persönlichen Gründen.

Ich bitte Sie um Ausstellung eines qualifizierten Arbeitszeugnisses.

Ich danke für Ihr Verständnis und werde die Jahre bei Ihrer Firma in guter Erinnerung behalten.

Mit freundlichen Grüßen

Peter Stiegler

Kündigung durch Arbeitgeber

[…]

Kündigung des Arbeitsverhältnisses

Sehr geehrter Herr Bergner,

aufgrund der anhaltend schlechten Konjunkturlage ist auch in unserem Unternehmen ein starker Rückgang der Aufträge zu verzeichnen. Wir sehen uns aus wirtschaftlichen Gründen gezwungen, die Beschäftigtenzahl unseres Unternehmens stark zu reduzieren.

Leider müssen wir Ihren Arbeitsvertrag fristgerecht zum 15. Oktober 200X kündigen.

Der Betriebsrat ist angehört worden und hat der Kündigung zugestimmt.

Wir bedauern den Vorgang und hoffen, dass Sie bald einen neuen Arbeitsplatz finden.

Mit freundlichen Grüßen

Fristlose Kündigung

[…]

Fristlose Kündigung zum 30. Oktober 200X

Sehr geehrter Herr Vogt,

hiermit kündigen wir Ihren Arbeitsvertrag vom 1. Januar 200X fristlos.

Trotz mehrerer schriftlicher Abmahnungen haben Sie wiederholt und regelmäßig Ihre vertraglich vereinbarten Arbeitszeiten nicht eingehalten und Ihren Vorgesetzten gegenüber nachweislich falsche Gründe für Ihre Abwesenheit vom Arbeitsplatz genannt. Eine Fortsetzung des Arbeitsverhältnisses ist für uns unter diesen Umständen nicht weiter tragbar.

Der Betriebsrat hat gestern Ihrer fristlosen Kündigung zugestimmt. Mit getrennter Post erhalten Sie Ihre Arbeitspapiere und Ihr Zeugnis.

Mit freundlichen Grüßen

Kündigung wegen Fehlverhalten am Arbeitsplatz

[…]

Kündigung

Sehr geehrte Frau Ries,

hiermit kündigen wir Ihr Arbeitsverhältnis unter Einhaltung der Kündigungsfrist zum 31.12.200X. Die Kündigung erfolgt aus verhaltensbedingten Gründen.

Nach § 12 Ihres Arbeitsvertrags ist es Ihnen untersagt, während der Arbeitszeit private Telefonate vom Arbeitsplatz aus zu führen. Gegen dieses arbeitsvertragliche Verbot haben Sie am 04.09., 05.09. und 07.09. verstoßen. Nach Aussage Ihrer Vorgesetzten, Frau Gerlinde Irrlicht, haben Sie während der Arbeitszeit am 04.09. in der Zeit von 11.00 Uhr bis 11.30 Uhr, am 05.09. in der Zeit von 14.05 Uhr bis 14.55 Uhr und am 07.09. in der Zeit von 10.45 Uhr bis 11.40 Uhr Privattelefonate mit Ihrem Freund geführt. Sie haben diese Telefongespräche mit den Worten »Ich bin eben glücklich verliebt« gegenüber Ihrer Vorgesetzten am 05.09. und 07.09. zugegeben. Ihre Vorgesetzte hatte zwar am 04.09. versäumt, Sie auf das Telefonat von diesem Tag anzusprechen, hatte Ihnen jedoch am 05.09. unmissverständlich klar gemacht, dass erneute private Telefonate unweigerlich die Kündigung nach sich ziehen würden. Ihre Vorgesetzte hatte Ihnen auch in Erinnerung gerufen, dass Sie wegen ähnlicher Vorfälle bereits am 18.06. und 15.08. einschlägig abgemahnt worden waren.

Sie haben durch Ihr Verhalten Ihre Pflichten aus dem Arbeitsverhältnis verletzt, indem Sie gegen ein ausdrückliches arbeitsvertragliches Verbot verstoßen haben.

Wir bedauern diesen für uns unvermeidlichen Schritt und wünschen Ihnen für Ihren weiteren Lebensweg alles Gute.

Der Betriebsrat ist angehört worden und hat der Kündigung zugestimmt.

Bis zum Ablauf der Kündigungsfrist werden Sie von Ihrer Verpflichtung zur Arbeitsleistung freigestellt. Die Freistellung erfolgt unter Anrechnung Ihrer noch vorhandenen Resturlaubsansprüche in Höhe von 10 Arbeitstagen. Der 13.11.200X ist daher Ihr letzter Arbeitstag.

Mit freundlichen Grüßen

Empfangsbestätigung

Das Original des obigen Kündigungsschreibens vom 29. September 200X habe ich am 30. September 200X erhalten.

....
(Unterschrift Mitarbeiter)

Kündigung aus betrieblichen Gründen

[...]

Kündigung

Sehr geehrter Herr Weckel,

hiermit kündigen wir Ihr Arbeitsverhältnis unter Einhaltung der Kündigungsfrist zum 31. Juli 200X. Die Kündigung erfolgt aus personenbedingten Gründen.

Vor 10 Monaten erlitten Sie bei privaten Tätigkeiten einen Bandscheibenvorfall. Seitdem sind Sie arbeitsunfähig erkrankt, wobei das voraussichtliche Ende Ihrer Erkrankung nicht abzusehen ist, so dass eine negative Gesundheitsprognose gerechtfertigt ist.

Aus betrieblichen Gründen muss Ihr Arbeitsplatz nun wieder besetzt werden.

Unser Mitarbeiter Hartmut Fischer, der bislang von seinem Arbeitsplatz abgezogen und auf Ihrem Arbeitsplatz als Schichtführer eingesetzt wurde, ist zum 31. März 200X ausgeschieden. Dadurch und durch Ihr krankheitsbedingtes Fehlen kam es in unserem Betrieb zu erheblichen Beeinträchtigungen des Arbeitsablaufs, da nun keine Mitarbeiter mehr zur Verfügung stehen, die die Aufgaben an Ihrem Arbeitsplatz übernehmen können. Der Einsatz von Aushilfen auf Ihrem hoch qualifizierten Arbeitsplatz ist nicht möglich.

Leider müssen wir unsere Interessen als Arbeitgeber über Ihre Interessen am Erhalt Ihres Arbeitsplatzes stellen. Einen anderen Arbeitsplatz können wir Ihnen nicht anbieten.

Wir bedauern diesen für uns unvermeidlichen Schritt und wünschen Ihnen für Ihren weiteren Lebensweg alles Gute.

Der Betriebsrat ist angehört worden und hat der Kündigung zugestimmt.

Empfangsbestätigung

Das Original des obigen Kündigungsschreibens vom 13. April 200X habe ich am 14. April 200X erhalten.

....
(Unterschrift Mitarbeiter)

Fristlose Kündigung wegen Arbeitsverweigerung

[...]

Fristlose Kündigung

Sehr geehrter Herr Linnert,

hiermit kündigen wir Ihr Arbeitsverhältnis außerordentlich fristlos zum 15.12.200X. Hilfsweise kündigen wir Ihr Arbeitsverhältnis ordentlich unter Einhaltung der Kündigungsfrist zum 28.02.200X. Die außerordentliche fristlose Kündigung erfolgt aus folgenden Gründen:

Am 01.11. bat Ihr Vorgesetzter, Herr Sigmund K., Sie kurz vor Feierabend darum, in den nächsten beiden Tagen, also am 02.11. und 03.11., eine Zwischeninventur unseres Kleinstteilelagers durchzuführen. Zur Begründung für diese Arbeitsanweisung verwies Ihr Vorgesetzter auf erhebliche Fehlbestände. Daraufhin fragten Sie Ihren Vorgesetzten, ob er für diese »öde Arbeit« niemand anderen habe. Als Ihr Vorgesetzter dies verneinte, äußerten Sie ihm gegenüber wörtlich: »Dann habt ihr morgen meinen gelben Schein auf dem Tisch. Mit euch werde ich schon fertig. Oder glaubt ihr etwa, ich mache einen solchen Schwachsinn mit?« Dies bezeugen Ihre Arbeitskollegen Stefan H. und Helmut W.

Durch Ihr Verhalten haben Sie nicht nur den Tatbestand der Arbeitsverweigerung erfüllt und den Betriebsfrieden erheblich gestört, sondern auch Ihre Pflichten aus dem Arbeitsverhältnis verletzt. Wegen eines gleich gelagerten Fehlverhaltens wurden Sie außerdem erst kürzlich am 20.10.200X abgemahnt.

Wir bedauern diesen für uns unvermeidlichen Schritt und wünschen Ihnen für Ihren weiteren Lebensweg alles Gute.

Der Betriebsrat ist angehört worden und hat sowohl der außerordentlichen fristlosen als auch der hilfsweisen ordentlichen fristgemäßen Kündigung zugestimmt.

Mahnung

Allgemeine Hinweise

Der Käufer bezahlt seine Rechnung nicht. Lassen Sie ihm zunächst eine Zahlungserinnerung zukommen, das kann auch eine Kopie der entsprechenden Rechnung sein. Erfolgt weiter keine Zahlung, folgen Mahnungen. Eine 1. und 2. Mahnung sind üblich, wie viel weitere geschickt werden, hängt u. a. von der bestehenden Geschäftsbeziehung ab. Auch für den Stil einer Mahnung gibt es keine festen Regeln. Sachlich bleiben sollten Sie immer.

Zahlungserinnerung

- Betreff: Rechnungsnummer, Rechnungsdatum
- Hinweis auf die gelieferte Ware oder Dienstleistung
- höfliche Erinnerung an die ausstehende Begleichung der Rechnung
- Anlage: Kopie der Rechnung

1. Mahnung

- Betreff: »1. Mahnung«, Rechnungsnummer, Rechnungsdatum
- Datum der Zahlungserinnerung, Datum der Rechnung, Fälligkeitstermin
- höfliche Aufforderung zur Zahlung innerhalb einer bestimmten Frist
- evtl. Festsetzung einer Mahngebühr

2. Mahnung

- Betreff: »2. Mahnung«, Rechnungsnummer, Rechnungsdatum
- Verweis auf 1. Mahnung, Fälligkeitstermin
- nachdrückliche Aufforderung zur Zahlung innerhalb einer bestimmten Frist
- Hinweis auf Folgen (Beantragung eines Mahnbescheides, Gerichtsweg, Rechtsabteilung)
- evtl. Festsetzung von Mahngebühren und Verzugszinsen

Letzte Mahnung

- Betreff: »X. und letzte Mahnung«, Rechnungsnummer, Rechnungsdatum
- Verweis auf vorangegangene Mahnungen
- Fälligkeitstermin
- endgültig letzte Fristsetzung für die ausstehende Zahlung
- evtl. Festsetzung von Mahngebühren und Verzugszinsen
- Androhung von rechtlichen Schritten

Zahlungserinnerung

Schlafzimmer Steffen
Bauerstr. 44
44309 Dortmund

13. Mai 200X

Herrn
Peter Stein
Zaunkönigweg 3

46284 Dorsten

Unsere Rechnung vom 28. April 200X (Nr. RE0428-St)

Sehr geehrter Herr Stein,

wir hoffen, dass Sie mit dem von Ihnen bestellten Sondermodell »deLuxe« zufrieden sind.

Wir dürfen Sie freundlich an die Begleichung der noch offen stehenden Rechnung vom 28. April 200X (RE0428-St) über einen Betrag von

2.320,00 € (inkl. 16 % Mehrwertsteuer)

erinnern und legen eine Kopie der Rechnung diesem Schreiben bei. Bitte überweisen Sie den ausstehenden Betrag bis zum 20. Mai 200X.

Mit freundlichen Grüßen

Sieglinde Geihe
Buchhaltung

Anlage
Rechnungskopie

Erste Mahnung

[…]

1. Mahnung
Rechnung RE3456 vom 10. April 200X/Zahlungserinnerung vom 5. Mai 200X

Sehr geehrter Herr Weckel,

leider konnten wir auch nach unserer Zahlungserinnerung keinen Eingang des noch ausstehenden Betrags von **634,80 € (inkl. Mehrwertsteuer**) feststellen. Wir bitten Sie höflichst, den ausstehenden Betrag bis zum 5. Juni 200X auf eines der unten angegebenen

Konten zu überweisen. Sollten Sie aus finanziellen Gründen eine Ratenzahlung vorziehen, setzen Sie sich bitte mit unserer Buchhaltung (030 3453312) in Verbindung.

Mit freundlichen Grüßen

Zweite Mahnung

[...]

2. Mahnung
Rechnung vom 28. April 200X (Nr. RE0428-St)

Sehr geehrter Herr Stein,

Sie haben auf unsere 1. Mahnung vom 5. Juni 200X bis heute nicht reagiert. Wir bitten Sie ausdrücklich um die sofortige Begleichung der Rechnung vom 28. April 200X.

Der Betrag von 2.320,00 € (inkl. Mehrwertsteuer) erhöht sich mit diesem Schreiben um 15,00 € Mahngebühr auf 2.335,00 €.

Bitte bezahlen Sie diesen Betrag bis zum 5. Juli 200X. Andernfalls werden wir die Angelegenheit einem Inkassounternehmen übertragen.

Sollte sich dieses Schreiben mit der Bezahlung des ausstehenden Betrags zeitlich überschneiden, betrachten Sie es bitte als gegenstandslos.

Mit freundlichen Grüßen

Letzte Mahnung

[…]

3. und letzte Mahnung
Rechnung vom 3. April 200X (WH-45988)
Mahnschreiben vom 25. April, 19. Mai, 5. Juni 200X

Sehr geehrter Herr Hein,

wir haben Sie wiederholt um die Begleichung der ausstehenden Rechnung vom 3. April 200X (WH-45988) gebeten. Sie haben bis heute nicht auf unsere Schreiben reagiert.

Der offen stehende Rechnungsbetrag von 3.450,00 € (inkl. Mehrwertsteuer) erhöht sich mit diesem Schreiben um weitere 15,00 € Mahngebühr und beträgt nunmehr 3.465,00 €.

Sollten Sie den Betrag nicht bis zum 10. Juli 200X auf eines der unten genannten Konten überwiesen haben, wird unsere Rechtsabteilung ein gerichtliches Mahnverfahren einleiten.

Mit freundlichen Grüßen

Messe

Allgemeine Hinweise

Die Planung und Vorbereitung eines Messebesuchs erfordert viel Arbeit. Dazu gehören z. B. Absprachen mit Messebaufirmen bezüglich des Aufbaus des Standes, Organisation des Hin- und Rücktransports der Exponate, die gezielte Vorbereitung des Standpersonals, Formulare für den Kontakt mit den Messebesuchern und vieles mehr.

Auftrag über Rücktransport

Mayer Antennenanlagentechnik
Riemerstr. 229
81829 München

25. Mai 200X

M1 Logistik
Herrn Holzmann
Domagkstr. 22

80807 München

Rücktransport von der SASS-Fachmesse in Frankfurt

Sehr geehrter Herr Holzmann,

wie telefonisch besprochen, erteile ich Ihnen hiermit den Auftrag für den Rücktransport von der SASS-Fachmesse in Frankfurt zu unserer Firma in München.

Bitte holen Sie unsere Sachen am 10. Juni 200X sofort nach Messeschluss an dem Stand 4949 in Halle F04 ab.

Für Rückfragen stehe ich Ihnen gerne zur Verfügung.

Mit freundlichen Grüßen

Renate Schwaibl
Mayer Antennenanlagentechnik

Messebrief intern

12. Januar 200X

Flyer zur Hannover Messe 200X

Verteiler: Dr. Hell, Fr. Kortsinowa, Fr. Heil, Fr. Arnold, Dr. Jäckel, Fr. Laut

Liebe Kolleginnen, liebe Kollegen,

beiliegend erhalten Sie den Entwurf des Flyers zu unserem Stand auf der Messe in Hannover mit der Bitte, Korrekturen bis zum 17. Januar an mich zu leiten.

Außerdem möchte ich Sie an die folgenden »To Do's« erinnern:

– Text- und Bildvorlagen für die Leuchstelen an die Agentur LichtWerke
– Liste Standbesetzung an mich

Bitte denken Sie auch daran, das Interesse an einem Standteam-Training in Ihren Abteilungen abzuklären und Petra Gabler in der Zentrale bis spätestens Anfang Februar zu informieren.

Mit freundlichen Grüßen

Infoblatt Messepersonal

Informationen für die Standbesetzung bei der Hannover Messe

Messedauer:	20. bis 25. März 200X
Standort:	Halle 6, Stand C04
Standtelefon:	0511 119999
Standfax:	0511 119998
Standbriefing:	Sonntag, 19.3., 17.00 Uhr, am Stand
Namensschilder:	Erhalten Sie direkt am Stand
Öffnungszeiten:	9.00 Uhr–18.00 Uhr; bitte um 8.30 Uhr da sein zur Standbesprechung

Aufbau: Sonntag, 19.3. (Hr. Kreikenbaum, Handy 0172 9999999)
Abbau: Samstag, 25.3., ab 18.00 Uhr (Hr. Langer u. a.)
Die Spedition liefert nach Messeschluss die Gitterboxen an den Stand. Bitte alles sorgfältig verpacken und in die Gitterboxen füllen, so dass oben nichts herausschaut.

Übernachtung: Pension Finke
Amelungshof 3b
30519 Hannover
Tel.: 0511 222222

Bei Ankunft nach 18.00 Uhr bitte telefonisch Bescheid geben.

Belegung vgl. beiliegender Standplan. Der erste Zimmerbewohner zahlt die Unterkunft bitte für die ganze Woche (€ 50,00/Tag). Er kann diese Kosten auf seiner Reiseabrechnung geltend machen. Evtl. Vorschuss in der Verwaltung holen.

Wege: Siehe beiligender Stadtplan. Der Messeausweis gilt gleichzeitig als Fahrkarte. Vom Hauptbahnhof (U-Bahn Nr. 1, 2 oder 8) in Richtung Sarstedt, Rethen, bis Haltestelle Bothmerstraße. Von dort aus zu Fuß. Zur Messe von Bothmerstraße aus mit Linie 8 zum Messegelände. Tagsüber direkt mit dem Zug bis Messe Laatzen.

Sonstiges: Bitte genügend Visitenkarten mitnehmen.

Anlagen: Standbelegungsplan, Messeausweise und Informationen zur Messe

Rückfragen bitte an Fr. Seibold (848484848)

Kontaktbogen für Messepersonal

Hannover Messe 200X

Tag

☐ Montag ☐ Dienstag ☐ Mittwoch ☐ Donnerstag ☐ Freitag ☐ Samstag

Mitarbeiter

....

Kontakt: ☐ bestehender Kontakt ☐ neuer Kontakt

Daten

Name: ....
Firma: ....
Position: ....
Telefon: ....
Fax: ....
Adresse: ....
Branche: ....

Thema

Produkt: ....
Verfahren: ....
Problemstellung: ....

Handlungsbedarf

- ☐ Kunden anrufen am/in KW ....
- ☐ Termin vereinbart am ....
- ☐ Jahresbericht ....
- ☐ Informationen zusenden über ....

Sonstige Vereinbarungen

....
....
....
....
....
....

Zur Bearbeitung an

....

Personalarbeit

Allgemeine Hinweise

Außer Kündigungen, Abmahnungen und der Einstellung neuer Mitarbeiter fallen in der Personalarbeit noch viele andere Schreiben an. Hier finden Sie eine Auswahl an Mustertexten, wie sie in der Praxis Anwendung finden.

Schreiben an einzelne Mitarbeiter

Bei Schreiben an einzelne Mitarbeiter wird es geschätzt, wenn ein oder zwei persönliche Sätze vorkommen und der Personalverantwortliche den Brief eigenhändig unterschreibt.

Schreiben an alle Mitarbeiter

Schreiben an alle Mitarbeiter sind z. B. dann fällig, wenn zu einer gemeinsamen Unternehmung eingeladen wird (z. B. Betriebsausflug) oder wenn betriebsinterne Änderungen (wie z. B. die Einführung neuer Stempelkarten) anstehen. Stellen Sie sicher, dass alle Mitarbeiter das Schreiben zur gleichen Zeit erhalten und alle auf dem gleichen Kenntnisstand sind.

Einladung zum Mitarbeitergespräch

In vielen Firmen ist es üblich, regelmäßige Mitarbeitergespräche durchzuführen. Ziel ist meist eine Förderung der Zusammenarbeit. In dem Schreiben sollten die geplanten Themen, der genaue Termin und der Ort festgehalten werden.

Schreiben an den Betriebsrat

In vielen Fällen (wie z. B. einer geplanten Kündigung) ist ein Schreiben an den Betriebsrat erforderlich. Hier kommt es auf Sachlichkeit und Offenheit an. Gleichzeitig ist Diplomatie vonnöten. Denken Sie daran, dass fast alle Kündigungen ohne vorherige Anhörung des Betriebsrats unwirksam sind.

Verleihung einer Prämie

Ein Mitarbeiter, der eine Prämie erhält, hat mit Sicherheit etwas Außerordentliches oder Herausragendes in einer Firma geleistet. In einem Anschreiben sollte diese außergewohnliche Leistung entsprechend hervorgehoben werden.

Ausgleichsquittung

Eine Ausgleichsquittung hat den Zweck, bei Beendigung eines Arbeitsverhältnisses für klare Verhältnisse zu sorgen: Arbeitspapiere werden zurückgegeben, die Regelung eventueller Restzahlungen wird festgehalten, der Arbeitnehmer verzichtet auf weitere Ansprüche an den Arbeitgeber.

Der Arbeitnehmer ist nicht verpflichtet, die Ausgleichsquittung zu unterzeichnen (nur die Höhe des empfangenen Lohnes muss er schriftlich bestätigen).

Genesungs-/Glückwünsche

Genesungs- oder Glückwünsche an einzelne Mitarbeiter sollten ganz individuell gestaltet sein. Je mehr persönliche Angaben zu finden sind, desto deutlicher wird die Wertschätzung. Bei Genesungswünschen soll auch demonstriert werden, dass der Kontakt zwischen Unternehmen und Erkranktem aufrechterhalten wird.

Personalfragebogen zum Vorstellungsgespräch

Dieser Bogen ist dann sinnvoll, wenn von einem Bewerber keine Bewerbungsunterlagen vorliegen. Diese Fragebögen werden von manchen Firmen automatisch jedem Bewerber zugesandt. Bei eingereichten und vollständigen Bewerbungsunterlagen können auch nur Teilbereiche des Fragebogens zum Einsatz kommen.

Änderungen beim Personal

Z. B. Mitteilung an andere Unternehmen bei Wechsel eines Gebietsleiters oder des Geschäftsführers.

Wechsel des Geschäftsführers

Droste und Co.
Herrenstr. 55
27753 Delmenhorst

22. Oktober 200X

Paul Kämper GmbH
Ewaldstr. 33

45661 Recklinghausen

Änderung in der Geschäftsführung bei Droste und Co. Deutschland

Sehr geehrte Damen und Herren,

wir möchten Sie informieren, dass sich Herr Siegfried Kobalt entschlossen hat, unser Unternehmen zum Ende dieses Jahres zu verlassen.

Als Geschäftsführer von Droste und Co. Deutschland war Herr Kobalt maßgeblich am Aufbau und der Etablierung der Märkte in Deutschland beteiligt. Herr Kobalt verlässt uns auf eigenen Wunsch, um sich neuen Herausforderungen zu stellen.

Herr Kobalt lässt Ihnen durch uns für die lange und vertrauensvolle Zusammenarbeit und das in ihn gesetzte Vertrauen danken.

Wir unsererseits danken Herrn Kobalt für seine langjährige, erfolgreiche Arbeit bei Droste und Co. und wünschen ihm für seine berufliche und private Zukunft alles Gute.

Es freut uns, ab sofort Frau Martina Streibl, bisherige kaufmännische Leiterin und Stellvertreterin von Herrn Kobalt, als neue Geschäftsführerin von Droste und Co. ernennen zu können. Frau Streibl bringt eine breite, international ausgerichtete Erfahrung in geschäftsführender Tätigkeit in Deutschland mit und hat sich bereits in kürzester Zeit mit unserer Branche und unserem Unternehmen vertraut gemacht. Wir sind überzeugt, mit der Ernennung von Frau Streibl die Grundlage für eine positive Weiterentwicklung unseres Unternehmens geschaffen zu haben.

Wir bitten Sie um entsprechende Kenntnisnahme und danken Ihnen für eine weitergehende gute Zusammenarbeit.

Mit freundlichen Grüßen

Jakob Bartz
Leitung Personalarbeit

Martina Streibl
Geschäftsführerin

Anhörung durch den Betriebsrat

[…]

Gelegenheit zur Anhörung bei einer Kündigung

Sehr geehrter Herr Dr. Steidle,

wir beabsichtigen, Herrn Wolfgang Siebner mit Ablauf seiner Probezeit am 31. März 200X ordentlich zu kündigen.

Er wurde am 1. Oktober 200X als Einzelhandelskaufmann bei uns eingestellt. Herr Siebner ist 23 Jahre alt, ledig und wohnhaft in der Feldbergstr. 12, 63150 Heusenstamm.

Herr Siebner hat unsere Erwartungen nicht erfüllt. Er erledigt die ihm anvertrauten Aufgaben unzuverlässig und unselbstständig. Das Arbeitstempo ist allgemein sehr langsam. Dadurch werden die Arbeitsabläufe beim Wareneingang und Versand erheblich gestört. Insgesamt vermissen wir das nötige Engagement und Interesse.

Wiederholte Personalgespräche mit ihm brachten keinerlei Verbesserung.

Falls wir bis zum 15. Februar 200X nichts von Ihnen hören, überreichen wir Herrn Siebner das Kündigungsschreiben.

Mit freundlichen Grüßen

Einladung zum Betriebsausflug

[…]

Einladung

Liebe Mitarbeiterinnen, liebe Mitarbeiter,

wir sollten Dampf machen.

Ich lade Sie dazu herzlich zu einer gemeinsamen

Dampferfahrt am Starnberger See am Samstag, 14. Juni 200X, um 12 Uhr

ein. Wir werden an diesem Tag auch das neue Holte-Museum besichtigen.

Für das leibliche Wohl wird selbstverständlich auch gesorgt: Mittags werden wir im Museumsrestaurant einkehren, wo bereits ein großes Buffet auf uns wartet.

Bitte senden Sie die beiliegende Rückantwort bis spätestens Freitag, 31. Mai 200X, an Herrn Wenzel. Ich würde mich über Ihre Teilnahme sehr freuen. Natürlich sind Ihre Lebenspartner und Ihr Nachwuchs ebenfalls herzlich eingeladen, uns an diesem Tag zu begleiten.

Herzliche Grüße

Einladung zum Mitarbeitergespräch

[…]

Einladung zum Mitarbeitergespräch

Sehr geehrter Herr Steinherr,

im Oktober führen wir wie jedes Jahr unsere Personalentwicklungsgespräche durch. Dazu lade ich Sie herzlich ein.

Ich würde mich freuen, wenn Sie am Montag, den 2. Oktober 200X, um 8:30 Uhr Zeit für ein Gespräch haben. Ort wäre der Besprechungsraum im II. Stock.

Ich möchte gerne über folgende Themen mit Ihnen reden:

– Rückschau auf das letzte Jahr
– unsere Zusammenarbeit
– neue Personalentwicklungsmaßnahmen

Bitte überlegen Sie auch, welche Punkte Sie ansprechen möchten. Entsprechende Vorschläge bitte ich mir rechtzeitig vorab mitzuteilen.

Bitte geben Sie mir Bescheid, ob Sie den vorgeschlagenen Termin wahrnehmen können.

Mit freundlichen Grüßen

Genesungswünsche an Mitarbeiter

[…]

Sehr geehrte Frau Weiß,

wir haben Sie nicht vergessen und hoffen sehr, dass es Ihnen bald wieder besser geht und Sie sich nach dem Krankenhausaufenthalt zu Hause rasch erholen können.

Ihre Umsicht und Ihre gute Laune werden im Haus sehr vermisst. Auch Stammkunden haben sich bereits nach Ihnen erkundigt. Diese und alle Mitarbeiter lassen Sie ganz herzlich grüßen und wünschen Ihnen gute Besserung.

Lassen Sie sich genug Zeit bei der Genesung. Wir freuen uns, wenn Sie wieder ganz gesund in unsere Firma zurückkehren.

Für die Zeit Ihrer Genesung haben Ihre Kollegen Ihnen ein spannendes Buch ausgesucht, das Sie mit gleicher Post erhalten.

Viel Spaß beim Lesen und gute Besserung.

Gewährung einer Prämie

[...]

Prämie für herausragende Teamleitung

Sehr geehrter Herr Rabel,

im letzten Jahr haben Sie drei verschiedene Projekte mit jeweils unterschiedlichen Gruppen geleitet. Dabei mussten Sie sich auf immer neue Gruppenzusammenstellungen und Persönlichkeiten einstellen, sich das nötige Fachwissen aneignen und Ihre Kollegen zu einem erfolgreichen Team zusammenführen.

Das ist Ihnen so gut gelungen, dass wir Sie mit einer Prämie belohnen möchten.

Ihr partnerschaftlicher Stil im Umgang mit den Teamkollegen führte bei einer offenen Arbeitsatmosphäre zu kreativen Problemlösungen. Ihre selbstbewusste, humorvolle Art motivierte die Mitarbeiter und ließ diesen individuelle Entfaltungsmöglichkeiten. Alle drei Projekte konnten unter Ihrer Führung äußerst zufriedenstellend und termingerecht abgewickelt werden.

Wir gratulieren Ihnen zu Ihrer erfolgreichen Arbeit und danken Ihnen für Ihr Engagement. Ein Bonus in Höhe von 3000 Euro wird in Kürze auf Ihr Konto überwiesen.

Wir freuen uns auf eine weitere erfolgreiche Zusammenarbeit mit Ihnen.

Mit freundlichen Grüßen

Tätigkeitsbeschreibung

Tätigkeitsbeschreibung für Frau Dipl.-Ing. Waltraud Auer

Frau Waltraud Auer wird am Titan-Institut für Verpackung die Position einer Assistentin der Institutsleitung übertragen. In dieser Stellung ist Frau Auer dem Institutsleiter unmittelbar unterstellt.

Das Aufgabenfeld der Leitungsassistenz ist hauptsächlich durch die folgenden Tätigkeiten charakterisiert:

- Organisation des innerbetrieblichen Informationssystems inklusive EDV-gestützter Info-, Planungs- und Kontrollsysteme
- Entwurf und Realisierung von Marketingstrategien für das Dienstleistungsangebot des Instituts inklusive der Bereitstellung von Marketinghilfen (Präsentationsunterlagen, Messeorganisation, Organisationen von Präsentationen durch Mitarbeiter, Publikationssteuerung, Kontaktvermittlungen, Beschaffung von Marktinformationen usw.)
- Analyse von Akquisitionspotenzialen und Identifikation von Akquisitionswegen
- Unterstützung (und im Verhinderungsfall Vertretung) der Institutsleitung bei Präsentationsverpflichtungen
- Fachliche Vorbereitung von Sitzungen, Erstellung von Sitzungsunterlagen (verantwortlich)
- Ausarbeitung von fachlichen Vertragsinhalten mit Forschungspartnern (Kunden, kooperierenden Institutionen, Werkvertragspartnern usw.), Klärung fachlicher und kaufmännischer Vertragsbestimmungen in Absprache mit der Institutsleitung

Weiterhin wird Frau Auer die Funktion der Beauftragten für die Personalentwicklung am Titan-Institut übertragen. In dieser Eigenschaft erarbeitet Frau Auer insbesondere auch

Vorschläge für Personalentwicklungsmaßnahmen und bereitet die Durchführung solcher Maßnahmen vor (Workshops, betriebliche Weiterbildung usw.).

Frankfurt a. M., 30. September 200X

....
(Institutsleitung)

Personalwechsel

[...]

Wechsel für den Gebietsleiter Gebiet Bayern

Sehr geehrte Damen und Herren,

wir möchten Sie heute davon unterrichten, dass unser langjähriger Mitarbeiter, Herr Rudolf Steinherr, der seit fünf Jahren als Gebietsleiter für Bayern zuständig war, aus unserem Unternehmen ausgeschieden ist.

Bis auf weiteres wird unser ehemaliger Gebietsleiter Nord, Herr Walter Rödl, für Ihre Betreuung zuständig sein (Durchwahl 07321 9333-14).

Für das Herrn Steinherr entgegengebrachte Vertrauen bedanken wir uns ganz herzlich. Sobald wir über eine Nachfolgeregelung endgültig entschieden haben, werden wir Sie unverzüglich unterrichten.

Mit freundlichen Grüßen

Presseinformation

Allgemeine Hinweise

Wenn ein Unternehmen Informationen an die Öffentlichkeit geben will (z. B. über neue Produkte, erweiterte Tätigkeiten usw.), gibt es meist an die Fachpresse entsprechende Schreiben heraus. Das können sowohl kurze Mitteilungen als auch umfangreiche Pressemappen mit Fotos sein.

Gerade kleinere Firmen haben für diese so genannte PR-Arbeit (Public Relations = Beziehungen zur Öffentlichkeit) nicht immer extra geschulte Mitarbeiter. Hier die wichtigsten Tipps zur Erstellung von Pressemitteilungen:

Aufbau

Orientiert sich an den klassischen sechs W-Fragen, die gleich am Anfang der Mitteilung beantwortet werden sollten:

- Wer (produziert, gibt bekannt, lädt ein ...)?
- Was (gibt es Wichtiges)?
- Wo (findet es statt)?
- Wann?
- Warum (ist es interessant)?
- Wie (ist es passiert, sind die Details, war der Ablauf ...)?

Überschrift/Schlagzeile

Eine kurze Zeile über dem Text soll das Interesse wecken. Reißerisch oder ironisch kommt nicht überall gut an, bleiben Sie eher sachlich.

Text

Die Mitteilung sollte nur die wichtigsten Informationen enthalten, eine Länge von maximal 30 Zeilen nicht überschreiten. Verwenden Sie ein DIN-A4-Blatt, großen Zeilenabstand (1,5-zeilig) und vermeiden Sie Textformatierungen (fett, kursiv usw.). Auch die Anzahl der Buchstaben (inklusive der Leerzeichen) kann für Redaktionen nützlich sein.

Für den Text gilt: »In der Kürze liegt die Würze.« Und: Bitte keine Werbung machen für das eigene Unternehmen – das Schreiben soll kein Werbebrief sein. Nennen Sie auch einen Ansprechpartner (mit Telefonnummer, E-Mail-Adresse) in Ihrem Unternehmen, sollten weitere Informationen gewünscht werden.

Fotos

Wenn Sie aussagekräftige Fotos haben, legen Sie sie dem Text bei. Papierbilder sollten mindestens das Format 10 x 15 cm, besser noch 13 x 18 cm haben (Hochglanz). Inzwischen sind auch Farbbilder für die meisten Redaktionen kein Problem mehr. Digitale Fotos sollten im JPG-Format abgespeichert sein und eine hohe Auflösung haben (mindestens 240 dpi, besser 300 dpi). So können auch noch Bildausschnitte verwendet werden. Vergessen Sie nicht, den Namen des Fotografen anzugeben.

Ausführliche Presseinformation

Presseinformation

Augsburg, 4. August 200X

Atzinger Verpackung AG
Peter Mendel
Auwaldstr. 2–4
86199 Augsburg
Telefon: +49 (0) 8809 301-120
Fax: +49 (0) 8809 301-223
E-Mail: peter.mendel@atzinger.de

Beratung – Entwicklung – Umsetzung: Die Atzinger AG auf der FachPack 200X (1. bis 10. September 200X)

Die Atzinger AG präsentiert sich auf der FachPack 200X in Nürnberg unter dem Motto »Beratung – Entwicklung – Umsetzung« in Halle 9, Stand 14. Vorgestellt werden die neuesten Entwicklungen und ein breites Dienstleistungsangebot rund um die Verpackung.

Zur Steigerung der Wirtschaftlichkeit von Logistiksystemen hat die Atzinger AG ein umfangreiches und bedienungsfreundliches Softwarepaket VPack entwickelt, das kundenindividuelle Anpassungs- und Erweiterungsmöglichkeiten bietet. Am Stand wird eine Demoversion und auf Wunsch eine individuelle Darstellung für einzelne Kunden vorgeführt.

Ein weiteres Thema der diesjährigen Messe sind neue Ansätze zur Entwicklung von Verpackungen und Verpackungssystemen für den (internetbasierten) Distanzhandel.

Wie im elektronischen Handel (E-Commerce) eine optimale Kundenbelieferung gewährleistet werden kann, stellt die Atzinger AG für den Internetversand und die darauf ausgerichteten Logistikprozesse vor. In diesem Zusammenhang werden Strategien zur Bewältigung der »letzten Meile« – dem kostenintensivsten Teil der logistischen Kette – vorgestellt. Die Atzinger AG zeigt außerdem Funktionsfolien für unterschiedliche Einsatzgebiete wie Lebensmittelverpackungen und technische Anwendungen. Die Barrierefolien bestehen aus einer Kombination von Polymeren mit anorganischen Schichten. Dadurch kann die Durchlässigkeit von Gasen, Wasserdampf, Chemikalien und Aromastoffen drastisch verringert werden. Die Dienstleistungen der Atzinger AG umfassen die gesamte Prozesskette von der Herstellung des Granulats bis zur Funktionsfolie.

Zu dieser Presseinformation können Fotos per E-Mail bei peter.mendel@atzinger.de angefordert werden.

Kurze Presseinformation

Institut Claire Boucher – neue Filiale

Die gute Auftragslage ermöglicht es dem Institut Claire Boucher, Anfang 200X eine neue Filiale in Moers zu eröffnen. Wie Geschäftsführerin Elisabeth Eder mitteilte, werden dadurch 45 neue Arbeitsplätze in der Region geschaffen. Das Unternehmen, dessen Hauptsitz in Duisburg ist, konnte im dritten Quartal 200X erneut eine Umsatzsteigerung von diesmal 18 % aufweisen (1. Quartal: 10 %, 2. Quartal: 15 %).

(445 Zeichen)

Presse- und Öffentlichkeitsarbeit
Daniela Lindt
Averdunkstr. 22
47051 Duisburg
Telefon: 0220 23456-122
Fax: 0220 23456-333
E-Mail: daniela.lindt@claireboucher.de

Kurze Presseinformation

Auftragsstudie über Kunststofffolien

12. Mai 200X

Das Titan-Institut für Verpackung erstellt zusammen mit der Gesellschaft für Marktforschung (GMF) aus Saarbrücken eine Auftragsstudie über Kunststofffolien. Untersucht werden Marktvolumen, Einsatzgebiete, Produktanforderungen und Materialtrend für den deutschen Verpackungsmarkt.

Titan-Institut für Verpackung
Presse- und Öffentlichkeitsarbeit
Werner Schmidbauer
Silberbornstr. 14–18
60320 Frankfurt a. M.
Telefon: 045 4899987
E-Mail: w.schmidbauer@titan-institut.de

Protokoll

Allgemeine Hinweise

In einem Protokoll werden der Verlauf bzw. die Ergebnisse einer Besprechung festgehalten. Es dient der Information (auch Dritter), als Gedächtnisstütze, es enthält Anweisungen und hilft bei der Kontrolle der Ausführung. Und es kann (bei Einhaltung einer bestimmten Form) auch als rechtskräftiges Beweismittel gelten.
Prinzipiell gilt: Ein Protokoll muss vollständig und unmissverständlich sein. Soll es rechtskräftig sein, müssen die Teilnehmer dem Protokoll ausdrücklich zustimmen bzw. auf Widerspruch innerhalb einer bestimmten Frist verzichten.

Protokollarten

- Beschluss- oder Ergebnisprotokoll: Nur die Ergebnisse einer Besprechung werden festgehalten (z. B. Anweisungen, Aufgaben, Beschlüsse).
- Kurzprotokoll: Verlauf und Ergebnisse werden nur stichpunktartig, Beschlüsse und Ergebnisse meist wörtlich wiedergegeben. Der Diskussionsverlauf soll erkennbar sein. Nur die Namen der wichtigen Redner werden genannt.
- Verlaufsprotokoll: Ausführliche Darstellung der Besprechung mit Namen aller Redner. Die Redebeiträge sollen sinnvoll gekürzt und geordnet sein.
- Wörtliches Protokoll: Alle Redebeiträge, Bemerkungen, Zwischenfälle, eingesetzten Requisiten und Beschlüsse werden im vollen Wortlaut bzw. vollen Umfang festgehalten. Bei Geschäftsbesprechungen eher selten der Fall.
- Gedächtnisprotokoll: Spätere Aufzeichnung aus dem Gedächtnis, vergleichbar einer Aktennotiz.

Aufbau eines Protokolls

- Angaben zum Unternehmen, Gruppe, Besprechung (z. B. Abteilungsleiterbesprechung)
- Datum und Uhrzeit (von … bis …)
- Ort, Raum
- Teilnehmer (anwesend–abwesend, nur temporär anwesend, Vertretungen)
- Verteiler (wer bekommt eine Abschrift des Protokolls?)
- Name des Protokollführers
- Betreff (z. B. Besprechung der Planungsgruppe XY)
- Tagesordnungspunkte
- Besprechungsinhalte
- Anträge, Beschlüsse, Abstimmungen (meist wörtlich, je nach Protokollart)
- am Ende des Protokolls: Unterschrift des Protokollführers und des Besprechungsleiters, nochmals mit Datum

Sprache des Protokolls

Objektiv und sachlich sollte der Protokollführer mitschreiben. Dabei verwendet er die Gegenwartsform: »Frau Rabl äußert sich zur neuen Kollektion.« Damit die Aussagen und Meinungen der Teilnehmer auch eindeutig diesen zugeordnet werden können, verwendet man die indirekte Rede. Oft kommt die Möglichkeitsform (der Konjunktiv) zum Einsatz, von der die erste Form (Konjunktiv I) meist ausreicht: »Frau Rabl äußert sich zur neuen Kollektion. Sie sagt, die neuen Modelle seien repräsentativ.«

Beschlussprotokoll

Besprechung der Geschäftsführung und der Trainer

Thema:	Planung des Trainingsbetriebes und Urlaubsvertretungen
Datum:	20. Juni 200X
Ort:	Fitnessoase, Raum 4
Teilnehmer:	Frau Schwind (Geschäftsführerin), Frau Menzel, Frau Theil, Frau Weiß, Herr Ashford, Herr Rauh
Verteiler:	Teilnehmer, Frau Luers, Herr Marceau
Protokollführer:	Frau Menzel
Datum des Protokolls:	22. Juni 200X
Nächstes Treffen:	15. Juli 200X

Beschluss:
Die Trainer reichen ihre Urlaubsanträge bis zum 10. Juli 200X bei der Geschäftsführerin ein. Frau Theil informiert auch die abwesenden Trainer (Frau Luers, Herr Marceau). Frau Schwind übernimmt die Koordinierung der Urlaubsvertretungen.

Frau Menzel, Protokollführerin

Frau Schwind, Geschäftsführerin

Tabellarisches Protokoll

Elternbeirat Haffner-Grundschule Schuljahr 200X/200X

Protokoll der 4. Sitzung am 5. Mai 200X

Teilnehmer: Fr. Tischler (als Vertretung für die Haffner-Grundschule), Fr. Messer, Frau Schneider, Fr. Reihe, Fr. Peters, Fr. Holzfurtner, Fr. Stebo, Fr. Metzger

Abwesend (entschuldigt): Fr. Lippstreu, Fr. Resch, Fr. Lardschneider

Protokoll: Fr. Metzger

Punkte	**Details**	**Wer/Was**
1. Protokoll letzte Sitzung	wird angenommen	
2. Nachbesprechung Schuleinschreibung	Alle zufrieden, gut organisiert, positive Resonanz; ungewohnt hohe Einnahmen aus der Kaffeekasse (20 €) und T-Shirt-Verkauf (30 €) Fazit: weniger Brot (1,5 Laibe reichen), mehr Prosecco, eine halbe Stunde vor Beginn anfangen, mehr Leute zum Aufräumen nötig	

3. Sommerfest / »Lebensläufe«	Sommerfest findet am 16. Mai 200X von 14 bis 17 Uhr statt.	
	Die Läufe der Kinder rund um den Nadisee in der Zeit von 14.15 bis 16.15 Uhr.	
	Fr. Fischer lobt gute Vorabinfo von Fr. Spitzenpfeil (Lehrkraft). Es wird sowohl von der Schule als auch vom Elternbeirat (EB) einen Infobrief geben (wird am Mittwoch, 7.5., ausgegeben).	
	Wie immer werden viele freiwillige Hilfskräfte und Essensbeiträge aus den einzelnen Klassen benötigt. Erfreulicherweise bietet sich Fr. Cramer an, einen für alle Klassen gültigen »Helferbrief« zu verfassen, nach dessen Rücklauf eine genaue Einteilung stattfinden kann.	Cramer
	Vorschlag Frau S. Dittrich (Lehrkraft) für Trinkstation auf der Laufstrecke wird gelobt, aber abgelehnt, weil zu viel Müll entsteht und bei so kurzer Strecke Trinkstation im Pausenhof reicht. Hier soll es eine Art »Wasserbar« am Wasserspender geben.	
	Benötigte Hilfskräfte für die Laufstrecke: minimal 18, maximal 24 Eltern (für jeweils eine halbe Stunde) zum Abzeichnen der Karten der Kinder.	

Die Vertreter der Klassen 1a, 2a, 3a, 3b, 4a und 4b wollen diese Streckenposten stellen.	alle
Jede Klasse macht auf dem Sommerfest einen eigenen Stand mit unterschiedlichen Aktivitäten bzw. Angeboten. Auch hier sollen neben dem zuständigen Lehrer Schüler und auch Eltern helfen.	alle
Genauer Einsatzplan wird von Frau Stebo verteilt.	Stebo

Nächste (und letzte) Sitzung des Elternbeirats für das Schuljahr 200X/200X:
Mittwoch, 2. Juli 200X, 20 Uhr, Nadischule

Verlaufsprotokoll

Protokoll: Finanzgespräch Betriebsstätte Nürtingen

Datum:	10.11.200X
Teilnehmer:	Betriebsstätte Nürtingen: Hr. Dr. Windisch (Geschäftsführer), Fr. Eschenbach; Zentrale: Fr. Helm, Hr. Dr. Schuster
Verteiler:	Teilnehmer
Prokoll:	Fr. Helm

Top 1: Aufwands- und Ertragsentwicklung

Im Jahr 200X lag der Betriebsaufwand um 2 Mio. € unter der Planvorgabe. Gleichzeitig blieben die Erträge um rd. 4 Mio. € unter Plan, so dass ein negatives Betriebsergebnis ausgewiesen wurde. Für den Gesamthaushalt des Instituts ergab sich ein negatives operatives Ergebnis von 3,5 Mio. €.

Begründet wurde das Defizit mit:
- Probleme im Entwicklunsprojekt »Textile Formen«
- Abwicklung der Abteilung Vertrieb Südeuropa
- Strategisch gewollter Ausbau des Bereichs Vertrieb USA
- Stagnation der Akquisition

Herr Dr. Schuster weist darauf hin, dass für das Jahr 200X mit einer weiteren Minderung des Aufwands und damit mit einer Verbesserung des Betriebsergebnisses zu rechnen ist. Er bezieht sich dabei auf eine reale Minderung der Personaldecke um 13 Personen. Danach wird seiner Meinung nach der Betriebsaufwand durch Personalabbau weiter unter Plan bleiben. Auf der Ertragsseite rechnet er durch das Textile-Formen-Projekt mit einem Ertragsausfall, so dass sich im Vergleich zur Standardhochrechnung das operative Betriebsergebnis voraussichtlich reduziert.

Top 2: Strategische Entwicklung der Betriebsstätte Nürtingen

Im weiteren Gesprächsverlauf erkundigt sich Herr Dr. Windisch nach der Strategieplanung der Betriebsstätte Nürtingen, insbesondere für das Jahr 200X. Herr Dr. Schuster berichtet, dass sich die Zielvereinbarungen mit dem Vorstand in der abgeschlossenen Form wohl nicht halten lassen. Der Strategieplanungsprozess sei sehr detailliert und in die Tiefe gehend. Die strategische Planung für den Bereich Automobiltextilien liege vor, mit

Roadmap-Darstellung. In kurzer Zeit werden auch der Bereich 3 (Endverbraucher) und der Bereich 1 (Industrietextilien) eine detaillierte strategische Planung haben. Damit sei der größte Teil der Betriebsstätte Nürtingen abgedeckt.

Zusammenfassung

Zusammenfassend stellt Herr Dr. Windisch fest, dass das Jahr 200X für die Betriebsstätte Nürtingen chancenreich sein wird, vor allem im Hinblick auf die Bereiche Automobiltextilien und Endverbraucher. Bei den Erträgen sei eine deutliche Steigerung zu erwarten. Bei entsprechender Anpassung des Betriebsaufwandes wäre möglicherweise ein ausgeglichenes operatives Betriebsergebnis 200X zu schaffen.

München, 10.11.200X

Gertrude Helm

Herr Dr. Windisch

Reklamation

Allgemeine Hinweise

Reklamationen werden auch Mängelrügen genannt: Der Käufer bemängelt die gelieferte Ware bzw. ist mit einer Dienstleistung nicht einverstanden. Z. B. kann zu viel oder zu wenig geliefert worden sein, falsche oder beschädigte Ware. Reklamationen oder Mängelrügen sollten immer schriftlich formuliert werden, denn im Fall eines eventuell folgenden Rechtsstreits dient ein solches Schreiben als Beweisstück.

Ist die Reklamation gerechtfertigt, hat der Käufer folgende Möglichkeiten:

1. Er macht den Kaufvertrag rückgängig (Wandlung).
2. Er fordert und erhält einen Preisnachlass (Minderung).
3. Er tauscht die bemängelte Ware um (Umtausch).
4. Er fordert und erhält Schadenersatz (nur bei arglistig verschwiegenen Mängeln und bei Haftung des Verkäufers).

Beim Formulieren einer Reklamation sollten Sie sachlich bleiben.

Folgende Elemente sollten in dem Schreiben vorhanden sein:

- Betreff: Datum und Gegenstand der Bestellung und der Lieferung
- genaue Beschreibung des Mangels bzw. der Mängel
- Lösungsvorschläge: Wandlung, Minderung, Umtausch usw. Sie können auch den Verkäufer einen Vorschlag machen lassen.
- Bitte um Erledigung bzw. Stellungnahme

Wenn Sie von einem Kunden eine Reklamation erhalten, haben Sie folgende Möglichkeiten, darauf zu reagieren:

1. Sie erkennen die Reklamation als berechtigt an und erfüllen die Forderungen des Kunden (Wandlung, Minderung, Umtausch oder Schadenersatz).
2. Sie erkennen die Reklamation als teilweise berechtigt an und machen einen Gegenvorschlag zur Lösung.
3. Sie erkennen die Reklamation als nicht berechtigt an und weisen sie zurück. Dennoch können Sie den Vorschlägen des Kunden Folge leisten, wenn Sie die bestehende Geschäftsverbindung nicht riskieren wollen.

Ihr Antwortschreiben sollte in jedem Fall höflich und sachlich verfasst sein. Äußern Sie Verständnis für die Situation des Kunden und geben Sie ihm gegebenenfalls die Möglichkeit, seine Meinung noch zu ändern, ohne einen Fehler eingestehen zu müssen. Überlegen Sie sich, wie Sie selbst auf einen entsprechenden Brief reagieren würden.

Preisminderung

CopyShop Blitz
Turmstr. 3
53175 Bonn

30. März 200X

PBZ Vertriebs GmbH
Frau Kahlert
Deutschherrenstr. 122

53179 Bonn

Unsere Bestellung vom 12. März 200X über 5 Kopiergeräte (Typ XR5)
Ihre Lieferung vom 28. März 200X

Sehr geehrte Frau Kahlert,

bisher waren wir mit den Produkten Ihrer Firma immer sehr zufrieden. Die letzte Lieferung vom 28. März enthielt aber mangelhafte Ware:

Sie lieferten uns 5 Kopiergeräte (Typ XR5, grau, Artikelnummer 34588) zum Preis von 1.449,00 EUR pro Gerät (inkl. Mehrwertsteuer). Bei 2 dieser Kopiergeräte befinden sich am vorderen Teil des Gehäuses deutlich sichtbare Kratzer und Verfärbungen.

Da die Funktion der Kopiergeräte nicht beeinträchtigt ist, es sich aber um »Schönheitsfehler« handelt, machen wir Ihnen folgenden Vorschlag: Bei einem Preisnachlass von 200,00 EUR pro Gerät erklären wir uns bereit, die 2 beschädigten Kopierer zu behalten.

Falls Sie mit unserem Vorschlag einverstanden sind, geben Sie uns bitte Bescheid und schicken Sie eine entsprechend geänderte Rechnung.

Mit freundlichen Grüßen

Irene Wimmer

Mängelrüge

[...]

Unsere Bestellung vom 2. Juni 200X über 50 CD-Ständer (Typ Sky blue)
Ihre Lieferung vom 20. Juni 200X

Sehr geehrter Herr Stock,

leider mussten wir bei den von Ihnen gelieferten 50 CD-Ständern (Typ Sky blue) erhebliche Mängel feststellen:

Bei allen 50 ist die Lackierung von so minderer Qualität, dass der aufgetragene Lack Blasen schlägt und teilweise abplatzt. Vom angekündigten »Metallic-Effekt« ist nichts zu sehen. Weiter sind 10 der Ständer stark verbogen, bei weiteren 15 fehlt ein Großteil der Fächerunterteilungen.

Die Qualität der Ware entspricht nicht annähernd der angekündigten. Wir treten hiermit von unserer Bestellung zurück und bitten Sie, die Ware wieder bei uns abzuholen.

Mit freundlichen Grüßen

Umtausch

[…]

Unsere Bestellung vom 2. Februar 200X über 8 Klarsicht-Glasscheiben
Ihre Lieferung vom 27. Februar 200X

Sehr geehrter Herr Wenzel,

leider müssen wir 2 der insgesamt 8 von Ihnen am 27. Februar 200X gelieferten Klarsicht-Glasscheiben (Maße 1,80 x 1,00 m) reklamieren: Das verwendete Glas weist offensichtlich eine Tönung auf, die von uns nicht gewünscht und auch nicht bestellt war.

Unser Vorschlag: Sie schicken uns so schnell wie möglich 2 neue Klarsicht-Glasscheiben und nehmen bei dieser Gelegenheit die 2 getönten Scheiben wieder mit.

Bitte teilen Sie uns bis zum 3. März 200X mit, wann wir mit den neuen Scheiben rechnen können.

Mit freundlichen Grüßen

Materialfehler

[...]

Ihr Schreiben vom 30. Juli 200X

Sehr geehrte Frau Wilkens,

wir freuen uns, dass Ihnen die Schuhe unseres Hauses so zusagen.

Sie reklamierten, dass sich bei einem von unseren Schnürschuhen eine der Metallösen für die Schnürsenkel ablöste. Dabei handelt es sich vermutlich um einen Materialfehler, diese können trotz sorgfältiger Prüfung unserer Produktionsstätten auftauchen.

Bitte senden Sie uns die Schuhe per Post zu (unfrei). Wir werden uns dann bei Ihnen melden.

Mit freundlichen Grüßen

Kostenerstattung

[…]

GEK Herd Competence 52X
E-Nr. 611-4.88
Ihr Schreiben vom 25. Dezember 200X

Sehr geehrter Herr Metzger,

vielen Dank für Ihren Brief und die uns überlassenen Unterlagen.

Ihren Zeilen entnehmen wir, wie enttäuscht Sie über den Defekt an Ihrem Hausgerät und die mit der Beseitigung verbundenen Reparaturkosten sind.

Kein Hersteller kann Geräte fertigen und Störungen über Jahre hinaus ausschließen. Bitte haben Sie Verständnis, dass nach Ablauf der Garantiezeit Kundendiensteinsätze verrechnet werden.

Eine volle Kostenerstattung ist uns leider nicht möglich. Weil uns jedoch viel an Ihrer Zufriedenheit als Kunde liegt, werden wir uns mit 50 % an den Materialkosten beteiligen.

Den Betrag in Höhe von 32,44 Euro inkl. Mehrwertsteuer werden wir auf das von Ihnen angegebene Konto überweisen.

Für die Zukunft wünschen wir Ihnen, dass ihr GEK Hausgerät nach seiner Instandsetzung noch lange Jahre zuverlässig und ohne Zwischenfälle arbeitet. Die uns überlassenen Unterlagen senden wir Ihnen mit gleicher Post zurück.

Mit freundlichen Grüßen

Anlagen

Ersatz für fehlerhafte Ware

[…]

Temperaturschaden

Sehr geehrter Herr Wiesner,

für die Zusendung Ihrer Reklamation bedanken wir uns herzlich.

Unsere Goodie-Schokoladen und -Pralinés sind empfindliche Genussmittel. Unsachgemäße Lagerung bei zu hohen oder stark schwankenden Temperaturen kann die Qualität in gravierender Weise beeinträchtigen.

In enger Zusammenarbeit mit unseren Geschäftspartnern im Handel bemühen wir uns stets um sorgfältigste Warenpflege. Trotzdem kann ein solcher Temperaturschaden, wie Sie ihn vorgefunden haben, leider in Einzelfällen nicht verhindert werden.

Als Ersatz für Ihre Ware und Portoauslagen erhalten Sie beiliegend Goodie-Artikel aus unserem speziellen Sortiment. Darüber hinaus haben wir dieser Sendung einige Spezialitäten beigefügt, die Sie wieder mit der Marke Goodie versöhnen sollen.

Wir würden uns freuen, Sie auch weiterhin zu unseren treuen Kunden zählen zu dürfen.

Mit freundlichen Grüßen

Ruhestand

Allgemeine Hinweise

Geht ein verdienstvoller Mitarbeiter in den Ruhestand, ist das einen Gratulationsbrief wert. Dieser kann sowohl von der Geschäftsführung als auch von den Kolleginnen und Kollegen kommen. Stil und Inhalt sollten möglichst individuell sein. Denken Sie daran: Gerade für sehr aktive Menschen ist der Übertritt vom Arbeitsleben in den Ruhestand oft eine schwierige Situation. Hier kann auf künftige Tätigkeitsfelder verwiesen werden.

Ruhestand eines Lektors

Hollstein Verlag
Türkenstr. 33b
80799 München

24. März 200X

Herrn
Toni Bender
Schöllstr. 2

80999 München

Sie werden uns fehlen

Sehr geehrter Herr Bender,

mehr als 15 Jahre lang haben Sie in unserem Lektorat gearbeitet und immer wieder Ihr treffliches Auge für neue Talente bewiesen. Mehrmals führten die von Ihnen entdeckten Autoren die Bestseller-Listen an. Es ist mit Ihr Verdienst, dass unser Verlag dadurch ins beste Licht gerückt wurde.

Doch nicht nur die Umsätze zählen: Ihr freundliches Wesen wurde von Kollegen und Kunden gleichermaßen geschätzt. Auch unser »Nachwuchs« hat sich immer positiv über Ihre geleisteten Hilfestellungen und Ratschläge geäußert.

Wir danken Ihnen für die Energie und Arbeit, die Sie in unseren Verlag investiert haben, und hoffen, dass Sie im Ruhestand auch weiterhin Ihre guten Ideen umsetzen können.

Mit freundlichen Grüßen

Dr. Evelyn Helm
Geschäftsleitung

Einladung zu einem Abschiedsfest

[…]

Ihr Abschied

Sehr geehrter Herr Söller,

zum 1. April 200X scheiden Sie nach knapp 23 Jahren aus unserer Firma aus und gehen in den wohlverdienten Ruhestand. Wir möchten Ihnen deshalb für Ihre wertvolle Mitarbeit und Ihre Treue danken.

Ihnen ist es vor allem zu verdanken, dass die Ausbildung unserer Lehrlinge als Kfz-Mechaniker ein so hohes Niveau erreicht hat. Wir danken Ihnen herzlich für Ihr großes Engagement und wünschen Ihnen für die Zukunft alles Gute.

Zum Abschied möchten wir Sie, Ihre Kollegen und die Auszubildenden zu einem kleinen Fest einladen, das am

Freitag, den 28. März 200X, um 19.30 Uhr im Gasthof »Zum Brunnen«, Sonnenstraße 13,

stattfindet.

Geben Sie uns bitte Bescheid, ob Sie an diesem Termin Zeit haben. Wir freuen uns auf einen gemeinsamen Abend.

Mit freundlichen Grüßen

Seminare und Schulungen

Allgemeine Hinweise

Hier finden Sie eine Auswahl von Mustertexten, die in Zusammenhang mit Seminaren und Schulungen zur Anwendung kommen: u. a. verschiedene Einladungen, Teilnahmebescheinigungen, Anmeldungen und -bestätigungen, Terminverschiebungen und Stornierungen.

Absage eines Seminars

RUN System
Mozartstr. 44
80991 München

22. Februar 200X

Kohlhammer AG
Herrn Mies
Schmitthennerstr. 33

69124 Heidelberg

Produktseminar 3./4. März 200X

Sehr geehrter Herr Mies,

wir bedauern, Ihnen mitteilen zu müssen, dass unser Produktseminar, das für den 3. und 4. März 200X geplant war, aufgrund von Terminüberschneidungen leider ausfallen muss.

Wir werden Sie umgehend benachrichtigen, wenn ein Ersatztermin zur Verfügung steht.

Vielen Dank für Ihr Verständnis.

Mit freundlichen Grüßen

Ralph Thomson

Anmeldebestätigung

[…]

Fachtagung »Sonderseminar für Verwaltungsleiter«, 21. Oktober bis 22. Oktober 200X in der IHK-Akademie, Heidelberg

Sehr geehrte Frau Metzger,

Sie sind von Ihrem Arbeitgeber zu o. g. Fachtagung angemeldet worden.

Beigefügt erhalten Sie

- die Reisehinweise
- einen Prospekt der Tagungsstätte
- eine Anmeldung für den Shuttle-Service
- die Kostenrechnung (der Rechnungsbetrag muss bis spätestens am Tag des Seminarbeginns bezahlt sein, ansonsten ist die Teilnahme nicht möglich).

Wir wünschen Ihnen schon heute eine gute Anreise und eine erfolgreiche Veranstaltung.

Mit freundlichen Grüßen

Anlagen

Einladung zum PR-Seminar

[...]

PR-Seminar: 4. bis 6. Dezember 200X

Sehr geehrte Damen und Herren,

Anfang Dezember steht nicht nur der Nikolaus vor der Tür, sondern auch das nächste Seminar des PR-Netzwerks. Wieder haben Sie Gelegenheit, sich über Themen zu informieren, die uns im Alltag beschäftigen, und von Profis zu lernen.

Der Workshop »Gestalten von Broschüren« wird von Ursula Wrangler vom »Büro für Gestaltung« geleitet. Im zweiten Workshop »Moderation« (unter Leitung von Dr. Werner Selle) werden wir Sie in Gesprächstechniken einführen, die Ihnen helfen, Pressekonferenzen, Projektsitzungen oder Meetings ergebnisorientiert zu führen.

Da wir diesmal zwei externe Referenten haben, liegen die Gebühren höher als sonst. Die Teilnehmerzahl ist auf 10 Personen begrenzt. Nutzen Sie zur Anmeldung bitte das beiliegende Formular, oder melden Sie sich online unter www.prn.com an.

Eine detaillierte Übersicht und die Wegbeschreibung werden mit der Anmeldebestätigung verschickt. Hotelbuchungen können ebenfalls über unsere Firma vorgenommen werden.

Mit freundlichen Grüßen

Anlage: Anmeldeformular

Info Internetseminar

[…]

Seminar »Effiziente Recherche im Internet« am 29. März 200X

Sehr geehrte Frau Mentzel,

auf Ihre telefonische Anfrage hin teile ich Ihnen die Schulungsinhalte des o. g. Seminars mit.

Recherche im World Wide Web

- Intuitive und suggestive Suche
- Arbeit mit Bookmarks
- Austausch mit Kollegen
- Portale und Einstiegsserver
- Suchmaschinen und Kataloge
- Online-Datenbanken, Online-Bücher und -Fachzeitschriften im WWW
- Hilfe durch Kommunikation
- Mail und News
- Bibliotheken im WWW
- Suche nach verwandten Objekten

Die Teilnehmerzahl ist auf 10 Personen begrenzt. Jeder Teilnehmer verfügt über einen eigenen, voll eingerichteten Arbeitsplatz.

Ich hoffe, Sie als Teilnehmerin bei unserem Seminar begrüßen zu dürfen.

Mit freundlichen Grüßen

Stornierung eines Seminars

[…]

PR-Seminar: 4. bis 6. Dezember 200X

Sehr geehrter Herr Donner,

leider ist es unserer Mitarbeiterin Regina Mechtle nicht möglich, an dem o. g. PR-Seminar teilzunehmen. Ich möchte Sie deshalb bitten, die Anmeldung wieder zu stornieren.

Für Rückfragen stehe ich Ihnen gerne zur Verfügung. Ich bitte um eine schriftliche Bestätigung.

Mit freundlichen Grüßen

Teilnahmebescheinigung

ALD Personaltraining
Fürstenfelder Str. 44
80331 München

Teilnahmebescheinigung

Frau Hildegard Schnell

hat am Seminar

»Tatort Büro – Verhaltens- und Konflikttraining«

vom 28.01.200X bis 29.01.200X in München

teilgenommen.

Seminarinhalte:

- Finden Sie heraus, welche Rolle Sie in Konflikten spielen.
- Finden Sie mehr über Ihr eigenes Verhalten heraus.
- Ihre Beziehung zu anderen – ein Spiegelbild Ihrer Persönlichkeit
- Wie Sie ein Konfliktgespräch mit Kunden/Mitarbeitern/Vorgesetzten zum Guten wenden
- Wie Ihnen ein aufgebrachter Mensch nicht den Tag verdirbt
- Wie Sie emotionale Brücken bauen
- Strategien im Umgang mit Alles- und Besserwissern, Streitsuchenden und Distanzlosen
- Praktische Methoden im Umgang mit der täglichen Konfrontation
- Wie Sie Ihren Standpunkt konsequent und strategisch klug vertreten

....

ALD Personaltraining

Service

Allgemeine Hinweise

Antworten auf verschiedene Anfragen, Veröffentlichungen von Terminen, das Versenden von Informationsmaterial und Gratisheften, Zustellung von Prämien nach erfolgreicher Kundenwerbung, die Begrüßung neuer Abonnenten, Stornierungsbestätigungen, Rückrufaktionen, Rückerstattung nach Beschädigungen – das alles sind Texte rund um das Thema »Service«.

Will sich ein Unternehmen vorteilhaft präsentieren, versteht es sich von selbst, dass solche Briefe immer besonders freundlich formuliert sind. Für Rückfragen sollte möglichst ein konkreter Ansprechpartner genannt werden.

Kündigungsbestätigung eines Abonnements

RLT Verlagsgesellschaft
Postfach 4711
20077 Hamburg

15. August 200X

Frau
Gertrud Wilkens
Hafnerstr. 33

73033 Göppingen

Ihre Kundennummer: 0099422994
Ihr Schreiben vom 30. Juli 200X

Sehr geehrte Frau Wilkens,

vielen Dank für Ihre Nachricht.

Wunschgemäß werden wir die Lieferung der Zeitschrift »TV Moviestar« ab Ausgabe 09/200X einstellen.

Wir bedauern Ihre Kündigung und hoffen, Sie bald wieder als einen unserer Kunden begrüßen zu dürfen. Unser Telefonservice steht Ihnen von Montag bis Freitag von 8:00 bis 20:00 Uhr unter der Telefonnummer 0180 8984287 zur Verfügung.

Mit freundlichen Grüßen

Irene Schubert
TV Moviestar Kundenservice

Literaturempfehlungen

[…]

Ihre Anfrage vom 2. September 200X

Sehr geehrter Herr Stiglmeier,

vielen Dank für Ihre Anfrage um Informationsmaterial zu Ihrer Diplomarbeit. Leider habe ich direkt zu diesem Thema keine Informationen.

Im Internet unter www.maxselleinstitut.de finden Sie eine umfassende Literaturliste unseres Instituts. Zum Thema »Verpackung« gibt es eine ganze Reihe von Veröffentlichungen.

Falls Sie auf Publikationen stoßen, die für Sie von Interesse sind, kann ich Ihnen diese gerne zukommen lassen.

Mit freundlichen Grüßen

Bildungsprogramm

[…]

Bildungsprogramm 200X Region Hamburg

Sehr geehrte Damen und Herren,

anbei sende ich Ihnen einige Exemplare unseres Bildungsangebots 200X für die Region Hamburg.

Bitte machen Sie das Programm in Ihren Abteilungen bzw. Instituten bekannt. Für Rückfragen stehe ich Ihnen jederzeit zur Verfügung.

Mit freundlichen Grüßen

Anlagen

Zusendung von Publikationen

[…]

Ihre Anfrage vom 14. August 200X

Sehr geehrter Herr Drexler,

Sie baten um einige Veröffentlichungen unseres Instituts. Die meisten der Publikationen lege ich diesem Schreiben bei.

Bei einer der von Ihnen gewünschten Veröffentlichungen handelt es sich um eine Monografie. Diese könnte ich Ihnen nur gegen eine Kostenberechnung zur Verfügung stellen. Falls Sie sie zu den nachfolgenden Preisen beziehen möchten, teilen Sie mir dies bitte mit:

»High Qualitiy Oils, Proteins and Bioactive Products for Food«, Final Report, FAIR CT99-9334, 200X, 367 Seiten, € 42,00.

Für Rückfragen stehe ich Ihnen gerne zur Verfügung.

Mit freundlichen Grüßen

Anlagen

Infomaterial

[…]

Informationsmaterial Institut Berger

Sehr geehrter Herr Stein,

vielen Dank für Ihr Interesse an unserem Institut. In der Anlage schicken wir Ihnen das gewünschte Informationsmaterial über unser Haus und unsere Forschungsgebiete.

Bei Rückfragen können Sie sich gerne an mich wenden.

Mit freundlichen Grüßen

Jahresbericht auf Anfrage

[…]

Ihre Anfrage zu unserem Jahresbericht 200X

Sehr geehrte Frau Müller,

vielen Dank für Ihr Interesse an unserem Institut.

Unser Jahresbericht 200X wird voraussichtlich nicht vor Mitte Dezember 200X erscheinen. Falls Sie Interesse an einem Exemplar haben, können wir Ihnen dann gerne eines zukommen lassen.

Im Moment kann ich Ihnen nur unseren Jahresbericht vom letzten Jahr anbieten. Weitere Informationen über unser Institut finden Sie auch im Internet unter www.hilde-stein-institut.de.

Mit freundlichen Grüßen

Kinderbetreuung in einer Firma

[…]

Ihre Anfrage nach Maßnahmen zur Sicherung der Kinderbetreuung für die Beschäftigten

Sehr geehrte Damen und Herren,

in unserem Institut wurde bis dato keine Einrichtung zur Kinderbetreuung geschaffen.

Grund dafür ist das mangelnde Interesse der Eltern. In den letzten vier Jahren wurden jeweils Anfang des Jahres entsprechende Initiativen von der Institutsleitung gestartet, es konnten aber nicht ausreichend verbindliche Zusagen von Eltern gesammelt werden.

Für Rückfragen stehe ich Ihnen jederzeit zur Verfügung.

Mit freundlichen Grüßen

Probeabonnement

[…]

Wissensmanagement – Probeabonnement

Sehr geehrte Frau Stern,

Sie haben sich dafür entschieden, »Wissensmanagement – das Magazin für Führungskräfte« kostenlos und unverbindlich zu testen. Mit diesem Schreiben erhalten Sie Ihr Gratisheft.

Wenn Sie von »Wissensmangement« nicht überzeugt sind, teilen Sie uns dies bitte schriftlich innerhalb von 14 Tagen nach Erhalt des Gratisheftes mit. Das Gratisheft dürfen Sie in jedem Fall behalten.

Hören wir nichts von Ihnen, erhalten Sie »Wissensmanagement« regelmäßig für 6 Ausgaben im Jahr zum Preis von 68,50 € (Studenten zum Preis von 52,00 €; Ausland 78,00 €) inklusive MwSt. und Versand. Das Abo verlängert sich automatisch um 1 Jahr, wenn es nicht 6 Wochen vor Ablauf der Bezugszeit schriftlich gekündigt wird.

Für Fragen steht Ihnen gerne unser Leserservice unter Telefon 0701 8848498 bzw. service@klopstockverlag.de zur Verfügung.

Mit freundlichen Grüßen

Reparaturservice

[…]

Reparaturservice für »Saint Helène«

Sehr geehrte Damen und Herren,

gemäß einer Vereinbarung mit »Saint Helène«, Paris, können ab dem 1. März 200X Reparaturen der Marke »Saint Helène« in unserem Hause durchgeführt werden.

Wir bitten Sie, ab sofort alle Reparaturen und Ersatzteilbestellungen, die diese Marke betreffen, an unser Haus zu senden.

Wir freuen uns auf eine gute Zusammenarbeit.

Mit freundlichen Grüßen

Streichung aus Datenbank

[…]

Streichung aus Ihrer Datenbank

Sehr geehrte Damen und Herren,

vielen Dank für Ihre Zusendungen.

Leider sind wir nicht die geeignete Zielgruppe, die Sie mit Ihrer Werbung und Infomaterialien ansprechen wollen.

Wir möchten Sie daher bitten, unsere Firma aus Ihrer Datenbank umgehend zu entfernen.

Für Ihr Verständnis bedanken wir uns im Voraus.

Mit freundlichen Grüßen

Verlängerung der Mitgliedschaft

[...]

RESCUE Mitgliedschaft
Mitglieds-Nr.: 15002799

Sehr geehrte Frau Rosenthal,

bestimmt haben Sie in der Vergangenheit erkannt, wie sinnvoll regelmäßiges Fitness-Training ist, und wir freuen uns, Sie auch im nächsten Trainingsjahr in unserem Fitness-Club RESCUE betreuen zu können.

Ihre Mitgliedschaft verlängert sich vereinbarungsgemäß bis zum 31.01.200X.

Der monatliche Beitrag bleibt identisch und beläuft sich auf 50,62 Euro, der Jahresbeitrag auf 607,44 Euro.

Sofern uns eine Einzugsermächtigung vorliegt, werden wir den Betrag wie bisher von Ihrem Konto mit dem bequemen Lastschriftverfahren abbuchen.

Ansonsten weisen wir darauf hin, dass der Betrag bis zum 31.01.200X zur Zahlung fällig wird.

Wir bedanken uns für Ihre treue Mitgliedschaft, wünschen Ihnen weiterhin gute Trainingsfortschritte und viel Spaß in Ihrem Fitnessclub RESCUE.

Mit freundlichen Grüßen

Veranstaltung

Einladung zur Jahrestagung

Herzog-Heinrich-Universität
Biologisch-Pharmazeutische Fakultät
Goebenstr. 22
58097 Hagen

22. Februar 200X

Einladung zur Jahrestagung der Biologisch-Pharmazeutischen Fakultät im Juni 200X

Sehr geehrte Damen und Herren,

wir möchten Sie herzlich zu unserer Jahrestagung einladen, die dieses Jahr am 5. Juni 200X in den Räumen unseres Instituts stattfindet.
Anbei finden Sie das ausführliche Programm mit den einzelnen Dozenten und Vorträgen. Anmeldungen werden bis zum 25. Mai 200X entgegengenommen. Verwenden Sie dazu bitte das beiliegende Anmeldeformular, oder wenden Sie sich an Frau Rieger, Telefon 0582 489843 (Montag bis Freitag in der Zeit von 9.00 bis 12.00 Uhr).

Mit freundlichen Grüßen

Prof. Dr. Karl Walter

Ankündigung einer Fachtagung

[…]

Baumaßnahmen-Fachtagung, 12. bis 14. Juni 200X

Sehr geehrte Damen und Herren,

vom 12. bis 14. Juni 200X bieten wir eine Fachtagung zum Thema »Baumaßnahmen« an.

Wir bitten um Kenntnisnahme und Unterrichtung der evtl. interessierten Mitarbeiter.

Eine Einladung zu dieser Fachtagung mit einer detaillierten Liste der Themen wird voraussichtlich Ende März 200X versandt.

Mit freundlichen Grüßen

Vertrag

Allgemeine Hinweise

Prinzipiell sollten Verträge rechtlich überprüft werden, deswegen können hier nur allgemeine Hinweise gegeben werden. Ein Vertrag ist immer die Grundlage für ein Geschäft, hier z. B. zwischen einem Fotografen und einem Modell oder einer Filmgesellschaft und dem Besitzer eines Geschäfts, das dieser für Dreharbeiten zur Verfügung stellt.

Verträge müssen von allen Vertragsnehmern mit Datum und handschriftlich unterzeichnet werden.

Vertrag über Filmaufnahmen

TV Film- und Fernsehproduktion
Sedlmairstr. 13
81338 Unterföhring

Drehgenehmigung

Hiermit erklären wir unser Einverständnis, dass am 21. April 200X in der Zeit von 9:00 Uhr bis ca. 19:00 Uhr Filmaufnahmen zur Sendereihe »Soko 13 im Einsatz« für das Zweite Deutsche Fernsehen in unseren Räumen und auf unseren Grundstücken stattfinden.

Genaue Adresse:
Juwelierladen Netzer
Theresienstr. 35
80336 München

Als Nutzungsentschädigung ist eine Zahlung vereinbart von 2000,00 Euro zzgl. MwSt.

Für Schäden, die evtl. während der Dreharbeiten durch uns verursacht werden, haftet die Firma TV Film- und Fernsehproduktion.

München, 31. März 200X

....
(Vermieter)

....
(Aufnahmeleitung/TV Film- und Fernsehproduktion)

Modellvertrag

Hanel fotodesign
Albert-Stifter-Str. 3
80445 München

12. Juli 200X

Hiermit bestätige ich	Gisela Metzler (Name Modell)
für Aufnahmen am	10.08.200X (Aufnahmetermin)
mit dem Fotografen	Richard Hanel
für Rechnung der Firma	HNW-Consulting (Name des Kunden)

ein Honorar in Höhe von 320,– Euro vereinbart zu haben.
Verwendungszweck: Hermes PR Fotos 200X, Alegra

Ich erkläre mich unwiderruflich damit einverstanden, dass die von mir angefertigten Aufnahmen (Bildnisse) in unveränderter oder veränderter Form durch den Fotografen oder durch Dritte, die mit dessen Einverständnis handeln, ohne jegliche Beschränkung des sachlichen, räumlichen oder zeitlichen Verwendungsbereichs (Verwendungszweck siehe oben) und für alle in Betracht kommenden Nutzungszwecke vervielfältigt, verbreitet, ausgestellt und öffentlich wiedergegeben werden. Diese Einwilligung umfasst auch die Digitalisierung und elektronische Bearbeitung, die Retuschierung sowie die Verwendung der Bildnisse für Reportagen.

Der/die Unterzeichnende verzichtet auf Namensnennung, ist aber damit einverstanden, dass sein/ihr Name bei Verwendung der Aufnahmen genannt wird. Der/die Unterzeichnende bestätigt, dass mit der Zahlung des Honorars sämtliche Ansprüche abgegolten sind, die ihm/ihr wegen der Anfertigung, Vervielfältigung, Verbreitung, Ausstellung oder öffentlichen Wiedergabe der Bildnisse gegenüber dem Fotografen oder Dritten, die mit dessen Einverständnis handeln, zustehen.

Dem/der Unterzeichnenden ist bekannt, dass durch die vorliegende Vereinbarung kein Arbeitsverhältnis begründet wird. Der/die Unterzeichnende verpflichtet sich, anfallende Steuern, Versicherungsbeiträge und Sozialversicherungsabgaben, soweit geschuldet, selbst abzuführen.

Für diese Vereinbarung und Freigabeerklärung gilt deutsches Recht.

Ort, Datum

....
(Unterschrift Modell)

Vertrag für Raumnutzung

Evang.-Luth. Pfarrstelle
Heilig-Geist-Kirche
Holzweg 14
81887 Dachau

Dachau, 9. Dezember 200X

Frau
Heidelinde Weiß
Strassbergerstr. 28

80809 München

Raumnutzungsvertrag

Unter den nachstehenden Bedingungen und auf der Grundlage der Hausordnung überlässt die Heilig-Geist-Kirchengemeinde

Frau Heidelinde Weiß (Hauptverantwortliche), Strassbergerstr. 28, 80809 München, Telefon 089 34466707, am 25. Januar 200X von 16:00 Uhr bis 01:00 Uhr den Gemeindesaal, das Foyer und die Küche in der Gemeinde. Der Beginn der Veranstaltung ist 20:00 Uhr, das Ende 01:00 Uhr. Die erwartete Personenzahl liegt bei ca. 90 Personen.

Die Raumnutzungsgebühr liegt bei 135 Euro und wurde am 9. Dezember 200X bezahlt. Eine Kaution von 300 Euro wurde hinterlegt.

Die Schlüsselabholung erfolgt am 24. Januar 200X über die Hausmeisterin (Frau Ziegler, Telefon 0881 344661).

Die beiliegenden, abgedruckten Bedingungen der Raumüberlassung sind bekannt und werden durch die Unterschrift anerkannt.

....
(Unterschrift Kirchengemeinde)

....
(Unterschrift Raumnutzer/in)

Anlage
Bedingungen der Raumüberlassung

Vertrag für Fotoaufnahmen

Fototerminvereinbarung

zwischen

der Schule:
Grundschule an der Lindenallee 3
81232 Gauting

vertreten durch die Schulleitung

und der Firma:

Shooting Vertriebs- und Verwaltungs-GmbH
Bahnhofstr. 33
82131 Stockdorf

vertreten durch die Geschäftsleitung.

Gegenstand

Die Schule gestattet bzw. vermittelt eine einmalige Fotoaktion an Dritten, namentlich an alle immatrikulierten Schüler, und wird dazu die notwendigen organisatorischen Maßnahmen treffen.

Für die anlässlich der Fotoaktion von den Schülern herzustellenden Fotoserien (jeweils Einzelportraits und Klassenbilder sowie Schülerausweiskarten, insgesamt à max. € 14,–)

besteht zu keinem Zeitpunkt eine Kaufverpflichtung. Dies gilt sowohl für die Schüler als auch deren Eltern und die Schule selbst.

Die Schule stellt für die genannte Fotoaktion einen separaten Raum auf dem Schulgelände für einen, maximal zwei Vormittage zur Verfügung und wird den Fototermin für alle immatrikulierten Schüler (ca. ....) der Schule im Monat .... 200X entsprechend organisieren.

Die Schule wird die anlässlich des obigen Fototermins hergestellten Fotoserien den jeweils fotografierten Schülern bzw. deren Eltern zur Ansicht zugänglich machen, wobei die Schüler bzw. deren Eltern frei über einen möglichen Kauf oder die mögliche Rückgabe der angefertigten Fotoserien entscheiden.

Die Schule wird das durch den Verkauf der Fotoserien vereinnahmte Geld vollständig abrechnen und ohne Einbehalt an die o. g. Firma überweisen. Die nicht abgenommenen bzw. zurückgegebenen Fotoserien werden zu Abrechnungszwecken von der Schule an die o. g. Firma zurückgesendet.

....

(Ort, Datum)

....

(Unterschrift Schulleitung)

....

(Ort, Datum)

....

(Unterschrift Geschäftsleitung der Firma)

Voranfrage

Allgemeine Hinweise

Auf der Suche nach günstigen Anbietern von Waren oder Dienstleistungen sollten Sie möglichst viele Unternehmen kontaktieren. Mit einer Voranfrage können Sie den wirklichen Anbieterkreis schon einengen.

Das sollte eine Voranfrage enthalten:

- Anschrift, Datum
- Betreff: »Voranfrage«
- Wie sind Sie auf den Anbieter aufmerksam geworden?
- Vorstellung des eigenen Unternehmens
- Art und Umfang des bevorstehenden Auftrags
- Welche Ware bzw. Dienstleistung?
- voraussichtlicher Terminplan für Angebot, Lieferung
- Frage nach Interesse zur Angebotsabgabe
- Termin für Angebot nennen

Antwort auf eine Voranfrage

Auch wenn Ihr Unternehmen vielleicht nicht die richtige Problemlösung für den Interessenten zu bieten hat: Nutzen Sie die Chance, die Leistungsfähigkeit Ihrer Firma darzustellen. Denken Sie dabei auch an Geschäftsbeziehungen, die sich in Zukunft entwickeln könnten.

Voranfrage Möbeldesign

Möbelhaus Richter
Saarlandstr. 18
82049 Pullach

9. April 200X

Altimate GmbH
Schießstättstr. 6

80339 München

Voranfrage

Sehr geehrte Damen und Herren,

als innovatives Haus für Inneninrichtungen sind wir immer auf der Suche nach neuen Produktlinien und jungen Ideen.

Wir sind auf der Designermesse DESIGN 200X in Frankfurt auf Ihr Unternehmen aufmerksam geworden. Von besonderem Interesse sind für uns Schlafsofas und Sitzmöbel.

Für eine eventuelle spätere Zusammenarbeit suchen wir einen Anbieter mit qualifiziertem Service und guten Referenzen. Auch sollte er in der Lage sein, innerhalb eines Monats bis zu 10 Exemplare eines Möbelstücks zu produzieren und auszuliefern.

Sind Sie an einer Geschäftsbeziehung mit unserem Haus interessiert? Dann machen Sie uns bitte bis zum 20. April 200X ein Angebot zu den beschriebenen Möbeln und schicken Sie auch allgemeine Informationen über Ihr Unternehmen.

Für Rückfragen steht Ihnen gerne Frau Meister zur Verfügung (0881 3344-21).

Mit freundlichen Grüßen

Rudolf Steinherr

Antwort auf Voranfrage Möbel

[...]

Ihre Voranfrage vom 9. April 200X

Sehr geehrter Herr Steinherr,

wir danken Ihnen für Ihr Interesse an unseren Produkten und freuen uns, dass Ihnen unser Stand auf der Designermesse gefallen hat.

Bei den von uns gefertigten Möbeln legen wir großen Wert auf herausragende Qualität. Die Grundlage dafür sind qualifizierte Handarbeit und individuelles Design. Aus diesem Grund sehen wir uns im Moment nicht in der Lage, die von Ihnen geforderten Stückzahlen pro Monat zu fertigen.

Unser Unternehmen ist noch jung, aber schon jetzt ist deutlich zu erkennen, dass wir in absehbarer Zeit expandieren werden. Da wir an einer Zusammenarbeit mit Ihrem Unternehmen interessiert wären, kommen wir sicher zu einem späteren Zeitpunkt auf Sie zu. In der Anlage schicken wir Ihnen jetzt schon unser Firmenprofil und unseren aktuellen Katalog.

Mit freundlichen Grüßen

Anlagen
Katalog
Broschüre mit Firmenprofil

Voranfrage PC-Ausstattung

[…]

Voranfrage PC-Ausstattung

Sehr geehrte Damen und Herren,

durch eine Anzeige im Berliner Tagblatt wurden wir auf Ihr Unternehmen aufmerksam.

Für unsere neue Filiale in Berlin-Steglitz suchen wir einen Anbieter, der innerhalb von drei Wochen ca. 5-10 Arbeitsplätze mit einem PC-Netzwerk ausstatten kann. Pro Arbeitsplatz sollten auch jeweils ein Drucker und ein Scanner vorhanden sein.

Bitte teilen Sie uns bis zum 25. März 200X mit, ob Sie an einer Zusammenarbeit interessiert sind, und schicken Sie uns gegebenenfalls Informationen über Ihr Unternehmen.

Mit freundlichen Grüßen

Antwort auf Voranfrage Computer

[…]

Ihre Voranfrage vom 14. März 200X

Sehr geehrter Herr Ehrenstein,

wir danken Ihnen für Ihr Interesse an unseren Produkten. Mit unserer Angebotspalette können wir Ihre Anforderungen genau erfüllen.

Dellmann + Partner sind seit über 10 Jahren einer der führenden Computeranbieter in der Region. Das beigefügte Firmenprofil und die Kundenreferenzen werden Sie von unserer Leistungsfähigkeit und unserer Unternehmenskultur überzeugen. Unsere Kunden schätzen vor allem unsere Zuverlässigkeit und die individuellen Problemlösungen.

Ihren Auftrag könnten wir innerhalb von 14 Tagen zu günstigen Preisen ausführen. Wir freuen uns auf detaillierte Angaben zum aktuellen Bedarf und werden Ihnen dann umgehend ein attraktives Angebot vorlegen.

Mit freundlichen Grüßen

Anlagen
Broschüre mit Firmenprofil
Kundenreferenzen

Werbebrief

Allgemeine Hinweise

Mit Werbebriefen sollen neue Kunden gewonnen werden. Der Aufbau ist fast immer gleich: Erst werden die Aufmerksamkeit und das Interesse des Lesers geweckt, dann der Besitzwunsch, am Ende wird der Leser u. U. noch »aktiviert«, d. h., er füllt eine Bestellkarte aus, nimmt an einem Gewinnspiel teil usw. Der Stil von Werbebriefen ist abhängig davon, wer für was wirbt: Der Werbebrief eines edlen Schmuckgeschäfts wird zwangsläufig anders ausfallen als der Flyer von »Monis Haus- und Tiersitting-Agentur«.

Für die Formulierung von Werbebriefen gibt es einige Regeln, die beachtet werden sollten:

- Anrede: Wenn möglich, am besten persönlich mit Namen. Nicht bei Flyern.
- Datum: Um die Aktualität zu zeigen.
- Betreff: Die wichtigste Zeile des Werbebriefes: Hier soll die Aufmerksamkeit des Lesers geweckt werden. Möglich sind Wortspiele, Sprüche, Hinweise. Wichtig: kurz und prägnant. Ausrufungszeichen erlaubt.
- An den Leser: Zunächst wecken Sie die Aufmerksamkeit des Lesers, dann sprechen Sie sein persönliches Interesse an: »Sie wollen immer umfassend informiert sein« usw. Der nächste Schritt: Der Leser des Werbebriefs soll den Wunsch entwickeln, die angebotene Ware zu besitzen oder die Dienstleistung in Anspruch zu nehmen. Betonen Sie, warum es so einfach, so aktuell und so wichtig ist, gerade jetzt zuzugreifen. Dann muss der Leser selbst aktiv werden, indem er z. B. eine ausgefüllte Bestellkarte zurückschickt, ein Rätsel löst, einen Anruf tätigt usw.
- Zeichenformatierungen: Einzelne Wörter oder Satzteile, auch kurze Sätze, können durch Zeichenformatierungen wie »fett« und »unterstrichen« hervorgehoben werden.

Das Hervorgehobene soll für den Leser positiv sein (Bsp.: »Wir laden Sie ein«, »Beratungsgespräch«, »Sie sind immer in der ersten Reihe«). Aber setzen Sie die Zeichenformatierungen nur sparsam ein, sonst erreichen Sie das Gegenteil des gewünschten Effekts.

- Unterschrift: Eine persönliche Unterschrift ist wichtig, diese sollte möglichst lesbar sein.
- Kontaktmöglichkeit: Telefonnummer, E-Mail-Adresse, Website – der Angesprochene muss die Möglichkeit haben, mit dem Werbenden Kontakt aufzunehmen, ohne lange suchen zu müssen. In den meisten Fällen ist dies durch ein entsprechendes Geschäftspapier gegeben.
- Das Postscriptum (PS): Das »Nachgeschriebene« ist ein Nachsatz noch unterhalb der Unterschrift. Bei Werbebriefen ist er nachweislich von hoher Bedeutung. Entsprechend wird hier nochmals auf die Vorteile des Angebots hingewiesen. Meist wird der Absatz eingerückt geschrieben.

Werbebrief für Kundenkarte einer Apotheke

Apotheke am Forum
Oberaue 2
07745 Jena

16. Oktober 200X

Frau
Dietlinde Wagner
Mädertal 22

07745 Jena

Nutzen Sie die Vorteile Ihrer persönlichen Kundenkarte

Sehr geehrte Frau Wagner,

als langjährige Kundin unserer Apotheke möchten wir Sie in Zukunft noch besser betreuen und stellen Ihnen unsere neue Kundenkarte vor:

Was bietet unsere Kundenkarte?

- Optimale Sicherheit und Verträglichkeit Ihrer Arzneimittel.
  Passt das Grippemittel zu Ihren anderen Medikamenten?

Wir sehen sofort, wenn sich Ihr Medikament nicht mit den Arzneimitteln verträgt, die Sie bereits vor Wochen bei uns gekauft haben.

- Kontinuität
  Sie können sich darauf verlassen, dass Sie Ihre bewährten Arzneimittel von uns wieder erhalten, denn wir speichern die, die Sie von uns bekommen haben. So wissen wir auch nächstes Jahr noch, welches Erkältungsmittel Ihnen in diesem Winter so gut geholfen hat.

- Auflistung Ihrer Zuzahlungen
  Wir erfassen Ihre Rezeptzuzahlungen in der Apotheke. Am Jahresende erhalten Sie eine Auflistung Ihrer Zuzahlungen als Nachweis für die Krankenkasse. Hier können Sie unter Umständen Geld sparen: Bei geringem Einkommen gibt es (abhängig vom Familienstand) Härtefallregelungen zur Befreiung von Rezeptzuzahlungen.

- Sammelbelege am Jahresende
  Auf Wunsch erhalten Sie von uns eine Aufstellung sämtlicher Aufwendungen zum Nachweis außergewöhnlicher Belastungen beim Finanzamt. Das Sammeln und Aufbewahren von Einzelbelegen und Quittungen entfällt.

- Geld sparen
  Sie erhalten bei Einkäufen mit der Kundenkarte auf alle Körperpflegemittel, Kosmetika und freiverkäuflichen Artikel (nicht apothekenpflichtig) einen 3 %igen Rabatt.

Wir freuen uns auf Ihren nächsten Besuch und hoffen, Sie für unsere Kundenkarte interessieren zu können.

Mit freundlichen Grüßen

Martina Weiß

Werbebrief für Haustiersitting

Monis Haus- und Tiersitting-Agentur

Sie wollen unbesorgt in den Urlaub fahren und brauchen jemanden Ihres Vertrauens, der sich um Ihre Lieblinge und Ihr Zuhause kümmert?

Ich betreue Ihre Haustiere individuell, liebevoll und zuverlässig und kümmere mich um alles, was während Ihrer Abwesenheit in Ihrem Zuhause zu erledigen ist.

Zu meiner Person:
Ich bin 28 Jahre alt und seit 10 Jahren bei der Polizei im Streifendienst tätig. In einer Service-Agentur in München konnte ich langjährige Erfahrungen im Bereich Haus- und Tiersitting erwerben.

Ich biete professionelle Arbeit zu fairen Preisen.

Neugierig geworden?

Telefon: 089 334 44 898

E-Mail: monisagentur@r-online.de

Internet: www.monisagentur.com

Werbebrief für Geschäftsgründung

[…]

**Wer morgen noch Erfolg haben will,
muss heute neue Wege gehen**

Sehr geehrte Damen und Herren,

es ist Zeit, dass Sie eine wichtige Neuigkeit erfahren: Die Kreiss Uhrenmanufaktur wird selbstständig – ein Markenzeichen wird zum Unternehmen. Am 1. Mai 200X gründen wir die

Kreiss Uhrenmanufaktur GmbH

mit Herrn Walter Reichenbach als Geschäftsführer.

Wir haben uns klare Ziele gesetzt:

- Ausgezeichnete Uhrenmacher-Qualität
- Gutes Design
- Marktgerechte Preise
- Zuverlässiger Service
- Beste Konditionen für unsere Partner

Denn die besten Geschäftsbeziehungen sind die, von denen alle profitieren.

Wenn Sie bereits zu unseren Geschäftspartnern gehören, möchten wir Ihnen an dieser Stelle für Ihre Treue danken. Wenn nicht, sollten wir uns kennen lernen. Ihr persönlicher Ansprechpartner ist Herr Müller. Er hat immer ein offenes Ohr für Sie.

Auf eine gute und erfolgreiche Zusammenarbeit freut sich Ihre Kreiss Uhrenmanufaktur GmbH.

Werbebrief für Boschüre

[…]

Neuheiten-Broschüre Herbst 200X

Sehr geehrter Geschäftspartner,

wir freuen uns, Ihnen heute in der Anlage 100 Exemplare unserer Neuheiten-Broschüre »Passion for Details« zu übersenden. Diese Broschüre ist die aktuelle Ergänzung zu dem Ihnen bereits vorliegenden Sülden Konsumenten-Katalog 200X/200X.

Durch das geringe Gewicht der Broschüre von ca. 25 g und das kompakte Format (17 cm breit, 24 cm hoch) empfiehlt sich »Passion for Details« als ideales Werbemittel zur Verteilung in Ihrem Geschäft sowie auch für vorweihnachtliche Mailing-Aktionen. Hierzu finden Sie auf der Rückseite der Broschüre ein Feld zum Vor-Ort-Aufdruck Ihres Firmenlogos bzw. zur Aufbringung eines Stempels oder Aufklebers.

Wir wünschen Ihnen viel Erfolg beim Abverkauf der Sülden-Kollektionen. Sollten Sie zusätzliche Neuheiten-Broschüren benötigen, rufen Sie mich bitte an (Telefon 0445 46658).

Mit freundlichen Grüßen

Werbebrief für Nordic Walking

Lust auf NORDIC WALKING mit Sibylle im Herzogpark?

Was es dir bringt
Der Clou beim NORDIC WALKING ist, dass der gesamte Körper in die Aktivität einbezogen ist. Nicht nur Beine und Herz-Kreislauf (wie beim herkömmlichen Walken oder Joggen), sondern auch Nacken, Schultern, Rücken, Bauch und Arme … und das alles an der frischen Luft.

Gesundheits- und Trainingsaspekte beim NORDIC WALKING
- Trainiert Ausdauer, Kraft, Beweglichkeit und Koordination.
- Kräftigt Schulter-, Rücken-, Bauch-, Arm- und Beinmuskulatur.
- Mobilisiert und dehnt Schulter- und Nackenmuskulatur.
- 30 % weniger Belastung als beim Joggen (besonders geeignet bei Knie- und Rückenbeschwerden).
- 20–50 % höherer Kalorienverbrauch als beim herkömmlichen Walken (Walking: ca. 280 kcal/h, NORDIC WALKING ca. 400 kcal/h).

Jeder kann's lernen

NORDIC WALKING ist ursprünglich ein Sommertraining für Skilangläufer. Erst vor wenigen Jahren wurde es von Sportmedizinern und Sportwissenschaftlern zu einem Fitness-Erlebnis für jeden weiterentwickelt.

Was du brauchst

- Übungsstunden, um die richtige Gehtechnik zu lernen.
- Spezielle NORDIC-WALKING-Stöcke, die zunächst bei mir ausgeliehen werden können.
- Gute Walking-, Jogging- oder Trekking-Schuhe.
- Vielleicht noch Pulsmesser, Trinkflasche und Handschuhe.

Wann geht's los?

Am besten sofort. Zurzeit biete ich drei Termine in der Woche an, auf Wunsch können auch neue Gruppen gebildet werden.

Montags 18.00 bis 19.30 Uhr
Mittwochs 10.00 bis 11.30 Uhr
Freitags 8.00 bis 9.30 Uhr

Anrufen, anmelden, mitmachen

Sibylle Rauch
Lenaustr. 2
45128 Essen
Telefon: 0201 8934850
Fax: 0201 8934851
E-Mail: sibylle.rauch@essen_walking.de

Werbebrief für Fotoaufnahmen

[…]

Schulfotografie

Sehr geehrte Schulleitung,

in Zusammenarbeit mit einem führenden Textilunternehmen haben wir für Ihre Schule eine pfiffige Sponsoringidee …

Ideal für Gemeinschaftsveranstaltungen oder alle sonstigen Schulauftritte stellen wir Ihrer Schule kostenfrei – für alle Schüler und Lehrer – Marken-T-Shirts mit Ihrem Schullogo zur Verfügung.

Bei Interesse senden oder faxen Sie uns einfach die beiliegende Vereinbarung zu.

Für Rückfragen stehen wir Ihnen unter der Rufnummer 089 8993-1199 jederzeit gerne zur Verfügung.

Mit freundlichen Grüßen

Werbebrief für Teppichbodenreinigung

[…]

NEU: Teppichbodenreinigung ohne Wasser

Sehr geehrte Damen und Herren,

der erste Eindruck kann entscheidend sein:

- Wie sieht Ihr Teppichboden im Eingangsbereich aus?
- Wie geht es Ihrem Teppichboden in den Verkaufsräumen?
- Wollen Sie, dass sich Ihre Kunden und Mitarbeiter auf Ihrem Teppichboden wohl fühlen?

Mit unserem neuen System »Carpet-Cleaner« reinigen wir Ihren Teppich ohne Wasser.

Einfach aufstreuen – einbürsten – absaugen – fertig!

Unser Reinigungsmittel ist ein nachwachsender, natürlicher Rohstoff. Alle Inhaltsstoffe sind phosphatfrei und biologisch abbaubar.

Sauberer und rationeller kann Teppichbodenreinigung nicht sein. Am besten gleich testen, eine Vorführung kostet Sie nichts.

Wir freuen uns auf Ihren Anruf.

Manfred Stein
Der Spezialist für Teppichbodenreinigung

Werbebrief für Wellness

[…]

22. November 200X: Unser Wellness-Tag »Schlank & Schön« – exklusiv für Sie

Sehr geehrte Frau Magin,

lassen Sie den stressigen Alltag für ein paar Stunden hinter sich und besuchen Sie unseren Wellness-Tag, der diesmal unter dem Motto »Schlank & Schön« steht. Entspannen Sie sich bei einer Massage oder in unserem 34 Grad warmen Schwimmbecken. Lassen Sie sich wertvolle Tipps von unserer Kosmetikerin geben. Und wenn Sie lieber aktiv sind: Wie wär's mit einer Aerobic- oder Tai-Bo-Stunde bei einem unserer Trainer?

Wir laden Sie ein, uns am 22. November 200X zwischen 10 und 22 Uhr zu besuchen.

Für nur 10 Euro können Sie unseren Park »Sport & Wellness« kennen lernen. Im Eintrittspreis sind an diesem Tag sämtliche Leistungen unseres Parks enthalten (Massage, Schwimmbad, Aerobic, Tai-Bo, Gym, Kosmetikberatung).

Die Nachfrage ist groß und die Plätze leider begrenzt. Rufen Sie noch heute an und sichern Sie sich Ihre Wellness-Stunden bei uns.

Wir freuen uns auf Ihren Besuch.

PS: Massage oder lieber Kosmetikberatung? Rufen Sie uns unter 089 667731 an (10 bis 22 Uhr) und vereinbaren Sie einen Termin für den 22. November 200X.

Zeugnis

Allgemeine Hinweise

Bei Beendigung eines dauernden Beschäftigungsverhältnisses kann der Arbeitnehmer ein schriftliches Zeugnis verlangen. Der Arbeitgeber ist dazu angehalten, ein Zeugnis »wohlwollend« zu formulieren, aber dennoch wahrheitsgetreu.

In einem einfachen Zeugnis wird neben den Angaben zur Person (inkl. Geburtsdatum und Wohnort) nur die Art und Dauer der Beschäftigung festgehalten. Im qualifizierten Zeugnis stehen folgende Informationen:

- Angaben zur Person (Vor- und Nachname, Geburtsdatum und -ort, Wohnort)
- Art und Dauer der Beschäftigung
- Leistungs- und Verhaltensbeurteilung (Fachwissen, Arbeitsbereitschaft, Weiterbildung, Kooperation mit Kollegen/Vorgesetzten) usw.
- Schlusssatz: Wünsche für die berufliche Zukunft oder Ähnliches.

Für das Schreiben und Lesen von Zeugnissen gibt es eine Art Code, mit dessen Hilfe man die tatsächlichen Bewertungen erkennen kann. Dabei kommt es teilweise auf kleine sprachliche Abstufungen an:

Mögliche Formulierungen für ein sehr gutes Zeugnis:
- … stets zu unserer vollsten Zufriedenheit
- … besitzt hervorragendes Fachwissen
- … ist auch stärksten Belastungen gewachsen
- … ausgezeichnete Ideen
- … arbeitete stets sehr zügig und exakt

Mögliche Formulierungen für ein gutes Zeugnis:
- … stets zu unserer vollen Zufriedenheit
- … besitzt abgesichertes Fachwissen
- … ausdauernd und belastbar
- … oft gute Ideen
- … arbeitete stets zügig und exakt

Mögliche Formulierungen für ein befriedigendes Zeugnis:
- … zu voller Zufriedenheit
- … besitzt das erforderliche Fachwissen und setzte dieses Erfolg versprechend ein
- … zeigte sich auch Belastungen gewachsen
- … gelegentlich eigene Anregungen
- … zeigte eine zufrieden stellende Leistung

Mögliche Formulierungen für ein ungenügendes Zeugnis:
- … zu unserer Zufriedenheit
- … verfügte über Fachwissen und setzte es ein
- … zeigte sich Belastungen im Wesentlichen gewachsen
- … übernahm die übertragenen Aufgaben und führte sie unter Anleitung aus
- … zeigte mitunter Fleiß und bemühte sich um Sorgfalt

Ausbildungszeugnis

Zeugnis

Frau Silvia Loibl, geb. 14.01.1963 in München, absolvierte vom 01.01.200X bis zum 31.12.200X in unserem Unternehmen eine Ausbildung zur Bürokauffrau mit sehr gutem Erfolg.

Frau Loibl durchlief in unserem Haus folgende Arbeitsgruppen:

1 Personalwesen
2 Betriebswirtschaft
3 Einkauf
4 Innerer Dienst
5 Presse-/Öffentlichkeitsarbeit
6 Institutsbuchhaltung/Projektabrechnung
7 Sekretariat

Dort erwarb sie Fertigkeiten in
1 Personalgewinnung und -einstellung, Arbeits- und Tarifrecht, Personalaktenführung und -verwaltung sowie Reisekostenabrechnung und Umzugskostenberechnung
2 Organisation und Kostenrechnung, Zeiterfassung und Projektkalkulation, Projektverwaltung von öffentlichen und industriellen Forschungsvorhaben sowie Terminüberwachung und Statistik
3 Lieferantenkarteiführung, Beschaffungsvorgänge, Angebotseinholung, Auftragserteilung, Geräteverwaltung, Inventarisierung, Rechnungskontrolle und Korrespondenz
4 Telefonzentrale, Archiv, Sitzungsdienst, Büromaterial-Disposition und Ausgabe, Poststelle, Lagerhaltung, Bibliothek und interne Arbeitssicherheit

5 Medienbeobachtung, Pressedokumentation, Vorbereiten von Messen und internen und externen Veranstaltungen, Adresspflege und -verwaltung, Informationsbeschaffung mittels Internet
6 Sozialwesen, Zusatzversorgung, Arbeitssicherheit intern/extern
7 Sekretariatsarbeiten, Reisebuchung und -vorbereitung, Korrespondenz, Terminierung

Der Gang der betrieblichen Ausbildung war an der Ausbildungsordnung der Industrie- und Handelskammer ausgerichtet, und Frau Loibl erwarb alle im Berufsbild der Bürokauffrau festgelegten Fertigkeiten und Kenntnisse und ist heute vielseitig einsetzbar. Zur Ergänzung der innerbetrieblichen Ausbildung hat sie den Unterricht an der Berufsschule besucht.

Frau Loibl zeigte stets große Initiative, großen Fleiß und Eifer. Sie arbeitete sich aufgrund ihrer guten Auffassungsgabe schnell und erfolgreich in neue Arbeitsgebiete ein. Dabei erledigte sie die ihr zugewiesenen Aufgaben mit großer Sorgfalt und äußerster Zuverlässigkeit. Durch ihre hohe Motivation und große Selbstständigkeit erreichte sie die gesetzten Ausbildungsziele problemlos.

Zusammenfassend halten wir fest, dass Frau Loibl die ihr übertragenen Aufgaben stets zu unserer vollsten Zufriedenheit erledigte. Ihr Verhalten gegenüber Vorgesetzten und Kollegen war in jeder Hinsicht vorbildlich. Ihre Freundlichkeit, ihre Verschwiegenheit und ihre immerwährende Hilfsbereitschaft verdienen der besonderen Erwähnung.

Frau Loibl hat ihre Ausbildung beendet und erhält dieses Zeugnis auf eigenen Wunsch. Wir können Frau Loibl aufgrund struktureller Gegebenheiten nicht in ein unbefristetes Arbeitsverhältnis übernehmen und bedauern dies sehr.

Auf ihrem persönlichen und beruflichen Lebensweg wünschen wir Frau Loibl alles Gute und viel Erfolg.

Freiburg, 10. Januar 200X

Rudolf Steiner
Verwaltungsleitung

Zwischenzeugnis

Zwischenzeugnis

Frau Theil, geboren am 25. Februar 1972 in Stuttgart, ist seit dem 1. Februar 200X als Marketing-Fachkraft in unserer Firma beschäftigt.

In dieser Funktion untersteht sie direkt dem Direktorium.

Die Hauptaufgabe von Frau Theil ist die Unterstützung der Geschäftsfelder der Firma in der Projekt-Akquisition durch Entwicklung von projektbegleitenden Marketingkonzepten und deren Umsetzung in geeignete Marketingmaßnahmen.

Das Aufgabenfeld von Frau Theil umfasst insbesondere die Konzeption und Realisierung von Markt- und Bedarfsanalysen zur Identifikation von Akquisitionspotenzialen für die Forschungs- und Entwicklungsleistungen der Firma. Zusätzlich ist sie für das Erstellen von Werbe- und Informationsmaterialien (z. B. Imagebroschüren und Präsentationsunterlagen) sowie Informationsbroschüren für einzelne Leistungen und Produkte der Firma zuständig.

Weitere Aufgaben von Frau Theil sind die Konzeption und Durchführung von Geschäftsfeldanalysen im Rahmen der strategischen Planung der Firma und die Organisation der internen Kommunikation. Sie führt darüber hinaus Schulungen in den Grundlagen des Marketing für die Abteilungsassistentinnen der Firma durch.

Frau Theil bearbeitet ihre Aufgaben engagiert, zuverlässig und mit großer Kreativität stets zu unserer vollsten Zufriedenheit. Sie denkt strategisch und handelt pragmatisch. Stets behält sie dabei das anvisierte Ziel im Auge.

Auch erhöhtem Arbeitsaufwand ist Frau Theil problemlos gewachsen und reagiert auf zusätzliche Aufgaben mit großer Einsatzbereitschaft und Initiative. Durch ihre einfühlsame Kommunikationsfähigkeit arbeitet sich Frau Theil in neue Aufgabengebiete und Situationen schnell und sicher ein. Sie arbeitet selbstständig und findet auch für komplexe Problemansätze außergewöhnlich gute Lösungen. Frau Theil verfügt über ein fundiertes Fachwissen und ist stets bereit, dieses zu erweitern.

Frau Theil ist durch ihre Fachkenntnis, ihre Hilfsbereitschaft und ihre Freundlichkeit bei Vorgesetzten und Kollegen gleichermaßen geschätzt und respektiert.

Dieses Zwischenzeugnis wird auf den Wunsch von Frau Theil erstellt. Sie möchte sich beruflich weiterentwickeln.

Wir danken Frau Theil für die bisherige gute Zusammenarbeit und wünschen ihr für ihren weiteren beruflichen Werdegang alles Gute.

Bremen, 15. Mai 200X

Bernd Reuter
Direktor

Zeugnis für Controller

Zeugnis

Herr Henghuber, geboren am 13. August 1964 in Augsburg, war vom 31. April 200X bis zum 20. Februar 200X in unserem Unternehmen tätig. Herr Henghuber arbeitete als Vollzeitkraft.

Seine Tätigkeit umfasste im Wesentlichen folgende Aufgaben:

- Entwicklung, Pflege und Bereitstellung einheitlicher und abgestimmter Verfahren und Methoden zur Planung und Steuerung des Unternehmens auf zentraler und dezentraler Ebene
- Erarbeiten von Konzepten zur Entwicklung, Einführung und Weiterentwicklung von komplexen Planungs-, Struktur-, Informations- und Berichtssystemen
- Entwicklung einer internen Leistungsverrechnung, von Kennzahlensystemen, Analyse- und Prognose-Methoden
- Aufbau des Einkaufs- und Vertriebscontrollings
- Erarbeiten von Konzepten und Vorschlägen zur Ertragsverbesserung
- Mitarbeit bei der Reorganisation der Steuerungsgrundlagen
- Koordinierung der Budgetplanung und Budgetfortschreibung, Auswerten und Erstellen der Teilpläne sowie Erstellen des Gesamtplans für das Unternehmen
- Umsetzung von Budgetvorhaben der Geschäftsführung und des Aufsichtsrats in Bereichsvorgaben
- Unterstützen des Managements in seinen Planungs- und Steuerungsaufgaben
- Erstellen von Preiskalkulationen
- Mitwirkung bei der Analyse und Bewertung der Pläne, insbesondere durch Erkennen und Ermitteln der Ursachen für Planabweichungen

- Erstellen von Abweichungsanalysen und Ausarbeiten von Vorschlägen zur Beseitigung der für die Planabweichungen verantwortlichen Ursachen
- Erstellen von Ertrags-, Kosten- und Schwachstellenanalysen
- Erstellen von Berichten, insbesondere der Berichterstattung an die Unternehmensleitung einschließlich der Bearbeitung von Kennzahlen- und Ergebnisberichten, Erstellen monatlicher Soll-Ist-Vergleiche
- Erstellen von Investitions-, Rentabilitäts- und Wirtschaftlichkeitsberechnungen, um Investitionsanträge zu beurteilen

Herr Henghuber arbeitete stets zuverlässig und gewissenhaft. Er konnte sich schnell in neue Arbeitsaufgaben einarbeiten und dem Betrieb auf seinem Gebiet neue Impulse geben. Die Zusammenarbeit mit Herr Henghuber war stets vertrauensvoll, und er überzeugte durch seine Einsatzbereitschaft und Loyalität. Die Aufgaben wurden von ihm in der Regel zuverlässig und diskret erfüllt.

Herr Henghuber hat die ihm übertragenen schwierigen Aufgaben stets zu unserer vollen Zufriedenheit gelöst. Er hat sowohl in qualitativer als auch in quantitativer Hinsicht gute Arbeitsergebnisse erzielt. Dabei zeigte er stets Eigeninitiative und überzeugte durch seine Leistungsbereitschaft. Herr Henghuber beherrschte seinen Arbeitsbereich selbstständig und sicher und machte gute Verbesserungsvorschläge.

Seine Arbeitsqualität war stets gut, wobei die vereinbarten Ziele von ihm auch unter schwierigen Bedingungen stets erreicht, oft auch übertroffen wurden. Durch seine umsichtige und effiziente Arbeitsweise erbrachte er auch in Ausnahmesituationen stets gute Leistungen.

Herr Henghuber erfüllte seine Aufgaben mit ausdauerndem Engagement und äußerster Konzentration. Er identifizierte sich stets in guter Weise mit der übernommenen Aufgabe und realisierte energisch und sehr beharrlich die gesetzten und selbst angestrebten Ziele. Er zeigte überdurchschnittliches Engagement und eine gute Einsatzbereitschaft. Auf seine schnelle und zuverlässige Arbeitsweise war auch bei großem Arbeitsanfall stets Verlass.

Dank seiner fundierten Ausbildung konnte er sich schnell und sehr gut in seine Arbeitsgebiete einarbeiten und setzte dabei seine umfassenden Fachkenntnisse erfolgreich ein. Die ihm übertragenen Aufgaben erledigte Herr Henghuber auch unter schwierigen Arbeitsbedingungen und war aufgrund seines guten Urteilsvermögens zu optimalen Entscheidungen befähigt. Hervorzuheben ist seine dauerhafte Bereitschaft, an den Möglichkeiten zur Weiterbildung teilzunehmen.

Herr Henghuber war als Vorgesetzter anerkannt und beliebt. Er verhielt sich gegenüber seinen Mitarbeitern offen und kooperativ und verstand es jederzeit, seine Mitarbeiter zu erfolgreichem Arbeitseinsatz zu motivieren. Auch gelang es ihm gut, Aufgaben und Verantwortung an die ihm unterstellten Mitarbeiter zu delegieren. Herr Henghuber genoss das Vertrauen seiner Mitarbeiter und wurde von ihnen anerkannt und geschätzt. Unter seiner Führung haben sich Leistung und Zusammenhalt in der Gruppe in kürzester Zeit sehr positiv entwickelt. Er war den Führungsaufgaben gewachsen und konnte neue Mitarbeiter sehr gut gewinnen und in seine Gruppe integrieren.

Herr Henghuber scheidet zum Austrittstermin auf eigenen Wunsch bei uns aus. Wir bedauern dies sehr und wünschen ihm für seine berufliche und persönliche Zukunft alles Gute.

(Ort, Datum, Unterschrift)

Zeugnis für Lektorin

Zeugnis

Frau Ilse Metzger, geboren am 14. Januar 1969 in München, war vom 1. November 200X bis zum 31. März 200X in unserer Firma in den Bereichen Bucherstellung, Satz und DTP beschäftigt. Im Rahmen ihrer Tätigkeit übernahm sie alle Aufgaben, die im Lektorat, der Arbeitsvorbereitung wie auch der Herstellung anfielen. Bei den betreuten Büchern handelte es sich sowohl um gedruckte Programmbeschreibungen von Windows-Standardprogrammen als auch um elektronische Dokumentationen, die in namhaften deutschen EDV-Verlagen erschienen.

Frau Metzger war für den gesamten Produktionsablauf – vom Manuskript bis zur Belichtung und das Lektorat – zuständig. Als Lektorin hat Frau Metzger Buchprojekte konzipiert und diese – entweder allein oder innerhalb eines Teams von Autoren – auch umgesetzt. Sie arbeitete dabei mit externen Autoren und Mitarbeitern zusammen und führte selbstständig das fachliche und orthografische Lektorat durch. Für diese Tätigkeit war die intensive Einarbeitung in neue Programme sowie einwandfreies Deutsch und Stilsicherheit Voraussetzung. In ihren Aufgabenbereich gehörte ebenso die Planung und Organisation von umfangreichen Übersetzungen.

Frau Metzger brachte für die gestellten Tätigkeiten ausgezeichnete Voraussetzungen mit. Sie nutzte jede Chance, ihr Fachwissen weiterzuentwickeln, und war stets bereit, auch zusätzliche Aufgaben außerhalb der eigentlichen Arbeitsgebiete zu übernehmen.

Ihre Arbeit führte Frau Metzger mit Ausdauer und Organisationstalent sowie mit großem Verhandlungsgeschick zu unserer vollsten Zufriedenheit durch. Sie erfüllte die gestellten Aufgaben absolut selbstständig und verantwortungsbewusst und brachte darüber hinaus in das Team immer wieder neue, außergewöhnliche Ideen ein, die sie mit großer Energie umsetzte. Daraus ergab sich immer ein effizienterer Ablauf bestimmter Arbeitsweisen innerhalb des Teams wie auch eine Qualitätssteigerung unserer Produkte.

Ihr Verhalten gegenüber Vorgesetzten und Mitarbeitern war jederzeit vorbildlich, wir konnten Frau Metzger in jeder Situation unser vollstes Vertrauen schenken.

Frau Metzger verlässt unsere Firma auf eigenen Wunsch, um in Zukunft selbstständig zu arbeiten. Wir bedauern diesen Entschluss sehr und hoffen, dass sie uns auch in Zukunft als freie Mitarbeiterin für Projekte zur Verfügung stehen wird.

Wir danken für die äußerst wertvolle Mitarbeit und wünschen ihr für den weiteren Berufsweg viel Erfolg.

(Ort, Datum, Unterschrift)

Praktikumszeugnis

Praktikumszeugnis

Frau Rabl, geboren am 12. Juni 1982 in Moers, war vom 01.04.200X bis zum 01.04.200X als Praktikantin am Standort Duisburg für unser Unternehmen tätig.

Zu ihren Aufgaben innerhalb unserer Abteilung Netzwerkmanagement vom April bis November 200X gehörten im Wesentlichen folgende Tätigkeiten:

- praktische Nutzung eines automatischen Netzmanagement-Systems und Vergleiche der Fehlerprotokolle mit aufgetretenen Hard- und Software-Fehlern
- Einweisung in die Netzoptimierung anhand von Verkehrswerten und Qualitätsparametern
- Mitarbeit bei der Inbetriebnahme eines 34-MB-Trunks in ATM-Technik
- Mitarbeit bei der Lokalisierung von Hardware-Fehlern auf elektronischen Baugruppen

Vom Dezember 200X bis März 200X unterstützte sie die Abteilung Customer Service Center. Zu ihren Tätigkeiten gehörten unter anderem:

- Mitarbeit bei der Nutzung verschiedener Sprachkomprimierungsverfahren wie ADPCM, LD-CELP, CS-ACELP mit ihren verschiedenen Komprimierungsstufen und ihrer subjektiven Vergleichbarkeit sowie der Verfahren von Sprachpausen- und Echounterdrückung
- Mitarbeit bei der Entwicklung eines SQL-Programms zur Auswertung von Betriebsdaten einer relationalen Oracle-Datenbank

Frau Rabl zeigte als Praktikantin stets viel Initiative, Fleiß und Leistungswillen und bewies bei allen Aufgaben ein gutes Analyse- und Urteilsvermögen. Ihre guten theoretischen Kenntnisse konnte Frau Rabl in der Praxis anwenden.

Wir lernten Frau Rabl als eine gewissenhafte, zuverlässige und sorgfältige Praktikantin kennen, die die ihr übertragenen Aufgaben planvoll und systematisch bearbeitete. Frau Rabl hat die gebotenen Möglichkeiten in jeder Hinsicht in hervorragender Weise für ihre praktische Ausbildung genutzt. Die ihr übertragenen Arbeiten erledigte sie stets zu unserer vollen Zufriedenheit. Ihr Verhalten gegenüber Vorgesetzten und Mitarbeitern sowie unseren Kunden war einwandfrei.

Frau Rabl verlässt uns nach Beendigung des einjährigen Praktikums vertragsgemäß. Wir danken ihr für die erfolgreiche Zusammenarbeit und wünschen ihr auf ihrem weiteren Berufs- und Lebensweg weiterhin viel Erfolg.

(Ort, Datum, Unterschrift)

Zeugnis für Produktmanagerin

Zeugnis

Frau Müller (geborene Huber), geboren am 30. Juli 1969 in Ulm, war vom 01.01.200X bis zum 31.03.200X in unserem Unternehmen als Produktmanagerin tätig. Frau Müller arbeitete als Vollzeitkraft.

Ihr Aufgabengebiet umfasste die Erstellung von Markt- und Konkurrenzanalysen mit dem Ziel der Untersuchung der Chancen unserer Produkte auf dem Markt. In diesem Zusammenhang oblag Frau Müller die Analyse und produktspezifische Aufbereitung der relevanten Umfeldbedingungen mittels Erarbeitung von Markt- und Wettbewerbsprofilen sowie von politischen und sonstigen globalen Rahmenbedingungen. Hierzu gehörte auch das Sammeln von Anforderungen des Marktes bzw. der Kunden an die Produkte und die technisch- und marktorientierte Bewertung. Frau Müller hatte sicherzustellen, dass die Ergebnisse der Markt- und Kundenanalysen in eine ständige Optimierung der Produktionspositionierung einflossen und größtmögliche Marktanteile für unsere Produktpalette sicherten. Im Sinne der Qualitätssicherung hatten außerdem die Abstimmung der Kundenanforderungen mit den Möglichkeiten unseres Unternehmens zu erfolgen, sowie das Entwickeln und Umsetzen von Produkt- und Marketingplänen.

Zu den Aufgaben von Frau Müller gehörten weiterhin das Initiieren, Konzipieren, Realisieren und Koordinieren aller Marketingaktivitäten für unsere Produktgruppen und das einzelne Produkt, die Absatzplanung, Preiskalkulation, die Planung von Umsätzen, Kosten und Erträgen sowie die Verkaufssteuerung. Im Einzelfall waren verkaufsunterstützende Maßnahmen zur Erreichung der Umsatzziele zu initiieren und durchzuführen. Weitere Aufgaben waren die zentrale Marketing-Präsentation der Produkte auf Messen und sonstigen Veranstaltungen und Kundenpräsentationen in Form von Produktvorträgen und Produktpräsentationen.

Zu den Aufgaben von Frau Müller gehörte ebenfalls die aktive Unterstützung der Vertriebsmannschaft zur Erreichung der Distributions-, Umsatz- und Ertragsziele und die Planung der Budgets und Forcastzahlen für den Produktbereich, die Produktgestaltung und Produktanpassung an sich ändernde Kunden- oder Marktanforderungen.

Frau Müller arbeitete stets zuverlässig und gewissenhaft. Sie konnte sich schnell in neue Arbeitsaufgaben einarbeiten und dem Betrieb auf ihrem Gebiet neue Impulse geben. Die Zusammenarbeit mit Frau Müller war stets vertrauensvoll, und sie überzeugte durch ihre Einsatzbereitschaft und Loyalität.

Frau Müller hat die übertragenen schwierigen Aufgaben stets zu unserer vollen Zufriedenheit gelöst. Sie hat sowohl in qualitativer als auch in quantitativer Hinsicht gute Arbeitsergebnisse erzielt. Sie zeigte stets Eigeninitiative und überzeugte durch ihre Leistungsbereitschaft. Sie beherrschte ihren Arbeitsbereich selbstständig und sicher und machte gute Verbesserungsvorschläge.

Die vereinbarten Ziele wurden von ihr auch unter schwierigen Bedingungen stets erreicht, oft auch übertroffen. Durch ihre umsichtige und effiziente Arbeitsweise erbrachte sie auch in Ausnahmesituationen stets gute Leistungen. Frau Müller war in der

Lage, auch in schwierigen Situationen dank ihrer sehr guten Überzeugungskraft sehr gute Verhandlungsergebnisse zu erreichen. Frau Müller erfüllte ihre Aufgaben mit ausdauerndem Engagement und äußerster Konzentration. Sie identifizierte sich stets in guter Weise mit der übernommenen Aufgabe und realisierte energisch und sehr beharrlich die gesetzten und selbst angestrebten Ziele. Besonders anzuerkennen sind ihr sehr großes Interesse an ihrer Arbeit und ihre überdurchschnittliche Eigeninitiative.

Auch bei großem Arbeitsanfall war auf Frau Müller stets Verlass. Aufgrund ihrer Intelligenz und ihrer fundierten Ausbildung konnte sie sich schnell und sehr gut in ihr Arbeitsgebiet einarbeiten. Dabei setzte sie ihre umfassenden Fachkenntnisse erfolgreich ein. Sie löste die ihr übertragenen Aufgaben auch unter schwierigen Arbeitsbedingungen und war aufgrund ihres guten Urteilsvermögens zu sehr guten Entscheidungen befähigt. Hervorzuheben ist ihre dauerhafte Bereitschaft, an den Möglichkeiten zur Weiterbildung teilzunehmen.

Frau Müller wurde aufgrund ihrer freundlichen Art und ihrer guten Umgangsformen von Vorgesetzten und Kollegen sehr geschätzt. Bei unseren Kunden war sie sehr beliebt. Sie scheidet zum Austrittstermin auf eigenen Wunsch bei uns aus. Wir bedanken uns für die stets gute Zusammenarbeit und bedauern, eine gute Fachkraft zu verlieren. Wir wünschen Frau Müller für ihren weiteren Berufs- und Lebensweg alles Gute.

(Ort, Datum, Unterschrift)

Zeugnis für Sachbearbeiter (negativ)

Zeugnis

Herr Heiner Klein, geboren am 27.10.1969, war in unserer Firma vom 01.08.200X bis 30.09.200X als Sachbearbeiter in der Personalabteilung tätig. In dieser Zeit war er insbesondere mit der Verwaltung der Lohn- und Gehaltskonten und der Reisekostenabrechnung betraut.

Herr Klein hat die ihm übertragenen Aufgaben ordnungsgemäß ausgeführt. Er war immer pünktlich und zuvorkommend. Sein Verhalten gegenüber Vorgesetzten war einwandfrei.

Das Arbeitsverhältnis von Herrn Klein wurde zum 30.09.200X im gegenseitigen Einvernehmen aufgelöst. Wir wünschen Herrn Klein für die Zukunft alles Gute.

(Ort, Datum, Unterschrift)

Zeugnis für Sekretärin (negativ)

Arbeitszeugnis

Frau Sina Mehring, geboren am 14.01.1965 in München, war in der Zeit vom 01.05.200X bis zum 31.03.200X in unserer Firma als Sekretärin der Abteilung Vertrieb tätig.

Frau Mehring war in dieser Zeit überwiegend mit folgenden Tätigkeiten betraut:

- Entwurf und Gestaltung von Inseraten und Hauswurfsendungen
- Pflege der Kundenkontakte, Anlegen und Führen der Kundenakten
- Fertigen der Kundenkorrespondenz nach Diktat oder Vorlage mit Textverarbeitungssystemen
- Vereinbarung und Überwachung der Kundentermine/Führen des Terminkalenders
- EDV-mäßige Erfassung und Auswertung aller vertriebsrelevanten Daten
- Vorbereitung von und Teilnahme an Terminen, Besprechungen und Versammlungen, Führen des Protokolls
- Kontaktpflege zu Behörden, Einrichtungen und Ämtern

Frau Mehring verfügte über ausreichende Kenntnisse bezüglich aller in einem Sekretariat anfallenden Aufgaben.

Es gelang ihr allerdings nicht, die im Vertriebsbereich anfallenden komplexen Aufgaben mit den für unseren Betrieb erforderlichen Ergebnissen auszuführen.

Die gezeigten Leistungen waren nicht ausreichend.

Frau Mehring war stets freundlich, ihr Verhalten gegenüber Vorgesetzten, Kollegen und Kunden gab zu Beanstandungen keinen Anlass und war stets einwandfrei.

(Ort, Datum, Unterschrift)

Offiziell

Bundesagentur für Arbeit

Allgemeine Hinweise

Wie bei anderen Behörden gilt auch für Schreiben an die Arbeitsagentur: Schreiben Sie kurz und sachlich und verzichten Sie auf Floskeln.

Tipps für Schreiben an die Arbeitsagentur:

- Wenn Sie einen Ansprechpartner (Sachbearbeiter) haben, richten Sie Ihr Schreiben direkt an ihn.
- Betreffzeile: Ihr Anliegen, evtl. die Bearbeitungsnummer, Hinweis auf ein vorangegangenes Schreiben usw.
- Für viele Angelegenheiten benötigen Sie entsprechende Formulare, die Sie vorab entweder schriftlich oder auch telefonisch anfordern können.
- Beachten Sie eventuelle Fristen.
- Nur Kopien Ihrer Unterlagen an die Behörde weiterleiten, keine Originale.

Abmeldung

Regina Mars
Pelkovenstr. 45
80807 München

13. September 200X

Agentur für Arbeit München
Frau Gareis
Kapuzinerstr. 76

80337 München

Bearbeitungsnr. RM3445-6/1 – Abmeldung Arbeitslosenunterstützung

Sehr geehrte Frau Gareis,

erfreulicherweise ist es mir gelungen, zum 1. Oktober 200X eine neue Arbeitsstelle als kaufmännische Angestellte bei der Firma Mendrich+Partner in Neufahrn zu finden.

Aus diesem Grund möchte ich mich aus der Arbeitslosenunterstützung abmelden. Bitte teilen Sie mir mit, ob Sie dazu noch Unterlagen von mir benötigen. Für Rückfragen stehe ich gerne zur Verfügung (089 3345566).

Mit freundlichen Grüßen

Regina Mars

Anmeldung

[...]

Meldung der Arbeitslosigkeit

Sehr geehrte Damen und Herren,

meine Arbeitsstelle als Systemprogrammierer bei der Firma DelTo in Ottobrunn wurde von dieser zum 15. November 200X fristgerecht gekündigt. Da ich noch keine neue Arbeitsstelle in Aussicht habe, möchte ich mich hiermit ab diesem Zeitpunkt arbeitslos melden.

Bitte senden Sie mir die notwendigen Unterlagen zur Anmeldung der Arbeitslosigkeit, die ich vorab schon ausfüllen kann. Weiter benötige ich einen persönlichen Beratungstermin. Bitte nennen Sie mir den für mich zuständigen Sachbearbeiter.

Mit freundlichen Grüßen

Bitte um Sonderurlaub

[…]

Antrag auf Sonderurlaub

Sehr geehrter Herr Maier,

seit dem 1. März 200X bin ich bei Ihnen arbeitslos gemeldet. Trotz Ihrer Unterstützung gelang es mir in dieser Zeit nicht, einen Arbeitsplatz zu finden.

Nachdem meine Familie und ich seit über zwei Jahren nicht mehr im Urlaub waren, möchte ich für die Zeit vom 13. Juni bis zum 21. Juni 200X Sonderurlaub beantragen, um Verwandte in Norddeutschland zu besuchen.

Bitte teilen Sie mir mit, ob Sie meinem Antrag auf Sonderurlaub entsprechen.

Mit freundlichen Grüßen

Unterhaltsgeld

[…]

Antrag auf Unterhaltsgeld

Sehr geehrter Herr Huber,

vor zwei Jahren habe ich meine Gesellinnenprüfung als Goldschmiedin abgelegt. Nun möchte ich an der Meisterschule in Würzburg meine Meisterprüfung machen. Nachdem der Unterricht ganztägig ist, muss ich unter der Woche in Würzburg wohnen.

Eine finanzielle Unterstützung durch meine Eltern scheidet aus, da mein Vater seit zwei Jahren arbeitslos ist.

Hiermit beantrage ich Unterhaltsgeld für die Zeit meiner Ausbildung an der Meisterschule. Bitte senden Sie mir die erforderlichen Unterlagen zu.

Mit freundlichen Grüßen

Bundesversicherungsanstalt für Angestellte

Formularanforderung

Klaus Dieterle
Netzestr. 56
12051 Berlin

25. März 200X

Bundesversicherungsanstalt für Angestellte
Zur Schwedenschanze 11

18435 Stralsund

Benötigte Formulare für die Eröffnung eines Rentenversicherungskontos

Sehr geehrte Damen und Herren,

ich bitte um die Zusendung der Formulare, die für die Eröffnung eines Rentenversicherungskontos notwendig sind.

Erhalte ich diese nicht über Ihre Anstalt, bitte ich um Hinweise, wo ich die benötigten Formulare bekomme.

Mit freundlichen Grüßen

Nachlieferung von Unterlagen

[…]

Versicherungsnummer 546738984
Bearbeitungskennzeichen 4700
Ihre Schreiben vom September und Dezember 200X

Sehr geehrte Damen und Herren,

vielen Dank für Ihre o. g. Schreiben. Leider kam ich bis jetzt noch nicht dazu, die beigelegten Formulare V110 und V810 auszufüllen und zurückzusenden.

Anbei übersende ich Ihnen vorab den angeforderten Geburtsnachweis in Form einer Kopie der Geburtsurkunde.

Die angeforderten Formulare werde ich Ihnen in den nächsten Wochen zukommen lassen, vor Weihnachten werde ich es aber nicht mehr schaffen.

Ich bitte um Ihr Verständnis.

Mit freundlichen Grüßen

Anlage
Kopie der Geburtsurkunde

Finanzamt

Allgemeine Hinweise

Ein Schreiben an das Finanzamt kann notwendig sein, wenn Sie einen Antrag, Einspruch, Mitteilungen, Erklärungen, Beschwerden oder einfach nur Fragen haben.

Inhalte eines Schreibens an das Finanzamt:

- Absender
- Möglichst exakte Anschrift der entsprechenden Dienststelle. Ist der Name eines Sachbearbeiters bekannt, diesen nennen. Denn wenn der Brief auf dem falschen Schreibtisch landet, kommt es evtl. zu Verzögerungen, was sich bei vorhandenen Fristen negativ auswirken kann.
- Betreffzeile: Bringen Sie hier deutlich zum Ausdruck, um was es geht (»Beschwerde« usw.). Bezieht sich Ihr Schreiben auf einen vorangegangenen Schriftwechsel, nennen Sie diesen (»Ihr Schreiben vom …«). Haben Sie eine Identifikationsnummer (z. B. Steuernummer), diese immer anführen.
- Klare Darstellung des Sachverhalts. Verzichten Sie auf steife oder hochtrabende Formulierungen, bleiben Sie einfach sachlich und höflich.
- Unterschrift
- evtl. Hinweis auf Anlagen

Bitte um Aufschub

Peter Strassner
Einsteinstr. 1
81887 München

24. Mai 200X

An das Finanzamt München III
Einkommenssteuerstelle
Deroystr. 2

80339 München

Steuernummer 987/354-44 – Einkommenssteuererklärung 200X

Sehr geehrte Damen und Herren,

aufgrund eines unvorhergesehenen Auslandsaufenthalts sehe ich mich leider nicht in der Lage, meine Einkommenssteuererklärung 200X fristgerecht abzugeben.

Ich bitte Sie um Verlängerung der Abgabefrist um mindestens einen Monat.

Mit freundlichen Grüßen

Peter Strassner

Einspruch gegen Einkommenssteuerbescheid

[…]

Steuernummer 332/446-34
Einspruch gegen den Einkommenssteuerbescheid 200X vom 15. August 200X

Sehr geehrte Frau Dostler,

hiermit lege ich Einspruch gegen den Einkommenssteuerbescheid vom 15. August 200X ein.

Die Begründung für meinen Einspruch reiche ich nach.

Mit freundlichen Grüßen

Einspruch gegen Lohnsteuernachzahlung

[…]

Steuernummer 332/445-459
Einspruch gegen Lohnsteuernachzahlung (Bescheid vom 15. Oktober 200X)

Sehr geehrter Herr Stock,

hiermit erhebe ich Einspruch gegen die Festsetzung der Lohnsteuernachzahlung im Bescheid vom 15. Oktober 200X. In der Berechnung wurden die von mir angegebenen Werbekosten nicht berücksichtigt.

Ich bitte um eine erneute Prüfung und gegebenenfalls um Korrektur. Die entsprechenden Belege für die Werbekosten füge ich in Kopie erneut bei.

Für den Nachzahlungstermin bitte ich um Aufschub, bis ich einen neuen Lohnsteuerbescheid erhalte.

Mit freundlichen Grüßen

Anlagen
Belege für Werbekosten

Einkommenssteuervorauszahlung

[…]

Steuernummer 145-45-8991
Einkommenssteuervorauszahlung

Sehr geehrter Herr Maier,

meine Einnahmen werden dieses Jahr deutlich unter denen des Vorjahres liegen. Diese Tendenz zeigte sich bereits im letzten Quartal 200X. Ich rechne mit einem Rückgang meines Einkommens um etwa 20 %.

Ich bitte Sie, auf dieser Grundlage die Vorauszahlungen der Einkommenssteuer meiner Situation anzupassen und entsprechend zu senken.

Mit freundlichen Grüßen

Anlagen
Gewinn/Verlust-Rechnung Januar/Februar 200X

Gericht

Terminverschiebung

Hannelore Weiß
Saalburgstr. 12
12099 Berlin

10. April 200X

Amtsgericht Berlin III
Adenauerplatz 1

10629 Berlin

Zeugenladung am 15. April 200X
Saalfeld ./. Kreiss

Sehr geehrte Damen und Herren,

im Streitfall Saalfeld ./. Kreiss bin ich am 15. April 200X als Zeuge geladen worden. Ich kann diesen Termin leider nicht wahrnehmen, da ich erkrankt bin und bis zum 20. April 200X krankgeschrieben wurde. Ein Attest liegt diesem Schreiben bei.

Ich bitte Sie, mir einen neuen Termin für meine Zeugenaussage mitzuteilen. Bitte bestätigen Sie mir schriftlich, dass ich den Termin am 15. April 200X nicht wahrnehmen muss.

Mit freundlichen Grüßen

Hannelore Weiß

Anlage
Kopie des Attestes

Kreiswehrersatzamt

Antrag auf Zurückstellung

Hans-Peter Grob
Ludwigstr. 45
22559 Hamburg

14. April 200X

Kreiswehrersatzamt
Richardstr. 1

22081 Hamburg

Antrag auf Zurückstellung
Einberufungsbescheid vom 1. April 200X

Sehr geehrte Damen und Herren,

seit dem 1. Oktober 200X studiere ich Rechtswissenschaften an der Alster-Universität in Hamburg. Eine Einberufung zum 1. September 200X würde den weiteren Studienverlauf nachhaltig negativ beeinflussen und meine späteren Berufschancen verschlechtern.

Aus diesem Grund bitte ich Sie, meine Einberufung zum Wehrdienst bis zum Ende meines Studiums aufzuschieben. Voraussichtlich werde ich mein zweites Staatsexamen im Herbst 200X absolvieren.

Mit freundlichen Grüßen

Hans-Peter Grob

Anlagen
Studienbescheinigungen

Krankenkasse

Antrag auf Beitritt

Ruth Meissner
Rüdigerstr. 7
80639 München

14. Mai 200X

Künstlersozialkasse
Gökerstr. 14

26384 Wilhelmshaven

Antrag auf Beitritt in die Künstlersozialkasse

Sehr geehrte Damen und Herren,

seit Anfang Mai 200X bin ich als Autorin und Lektorin für Computerbücher selbstständig tätig und möchte Mitglied in der Künstlersozialkasse werden.

Ich bitte Sie um Zusendung eines entsprechenden Antrags. Sollten Sie vorab Informationen von mir benötigen, bitte ich um Benachrichtigung.

Mit freundlichen Grüßen

Kündigung einer privaten Krankenversicherung

[…]

Kündigung der privaten Krankenversicherung
Versicherungsnummer 983850-92

Sehr geehrte Damen und Herren,

ab dem 1. November 200X werde ich mein Studium nur noch nebenberuflich ausüben und bin durch meinen neuen Arbeitgeber ab diesem Zeitpunkt pflichtversichert. Aus diesem Grund kündige ich meine private Krankenversicherung bei Ihnen zum 31. Oktober 200X.

Hiermit ziehe ich auch die an Sie erteilte Einzugsermächtigung über 56,93 Euro/monatlich von meinem Konto 9888445 bei der Stadtsparkasse Göppingen zurück. Ich bitte Sie, ab November 200X von einer Abbuchung abzusehen.

Ich bitte Sie um eine schriftliche Bestätigung meiner Kündigung.

Mit freundlichen Grüßen

Mutterschaftsgeld

[...]

Geburt von Isabel Petzold, 3.6.200X

Sehr geehrte Damen und Herren,

am 3.6.200X wurde meine Tochter Isabel Petzold geboren. In der Anlage finden Sie die ärztliche Frühgeburtsbescheinigung für das Mutterschaftsgeld und die Geburtsurkunde.

Wie von Ihnen gewünscht, gebe ich Ihnen meine Versichertennummer (207784) und meine Bankverbindung an:

Gerlinde Petzold
Stadtsparkasse Dormagen
BLZ 881 500 00
Kontonummer 7657888

Mit freundlichen Grüßen

Anlagen
Frühgeburtsbescheinigung
Geburtsurkunde

Nachreichen von Unterlagen

[…]

Versicherungsnummer 145-44-675-V
Ihre Schreiben vom 14. Juli 200X und 20. August 200X

Sehr geehrte Damen und Herren,

anbei übersende ich Ihnen die fehlenden Unterlagen und beantworte Ihre noch offenen Fragen aus den o. g. Briefen:

1. *Selbstständige Tätigkeit seit 1. April 200X*
Zu diesem Zeitpunkt nahm ich erstmals eine selbstständige künstlerisch/publizistische Tätigkeit als Lektor und Autor auf mit dem Ziel von wirtschaftlichen Erwerbszwecken.

2. *Nachweis/Unterlagen*
In der Anlage zu diesem Schreiben (Anlage 1 und 2) sende ich Ihnen Nachweise über meine selbstständige künstlerisch/publizistische Tätigkeit.

3. *Voraussichtliche Höhe des Arbeitseinkommens 200X*
ca. 10.000 Euro

4. *Erzieltes Arbeitseinkommen 200X*
Mein endgültig erzieltes Arbeitseinkommen im Jahr 200X (Betriebseinnahmen abzüglich Betriebsausgaben) beläuft sich auf 8.377,20 Euro (vgl. Auszug aus Steuererklärung 200X, Anlage 3 und 4).

Sollten Sie noch weitere Unterlagen von mir benötigen oder Fragen haben, stehe ich Ihnen selbstverständlich gerne zur Verfügung.

Mit freundlichen Grüßen

Anlagen
Nachweise über selbstständige Tätigkeit
Nachweise über Arbeitseinkommen und Auszug aus Steuererklärung 200X

Rückforderung von Beiträgen

[…]

Beitragsrückzahlung aufgrund Aufnahme in der KSK
Versicherungsnummer M14-555-898

Sehr geehrte Frau Weiher,

aufgrund meiner Aufnahme in die Künstlersozialkasse ab dem 19.12.200X (vgl. beiliegende Kopie) wende ich mich an Sie mit der Bitte um Rückzahlung der von mir zu viel eingezahlten Beträge als freiwillig Versicherte.

Für eine schnelle Erledigung wäre ich Ihnen außerordentlich dankbar. Wenn Sie weitere Informationen von mir benötigen, erreichen Sie mich tagsüber unter Telefon 089 4556888.

Mit freundlichen Grüßen

Anlage
Aufnahmebescheinigung in die Künstlersozialkasse

Polizei

Allgemeine Hinweise

Wenn Sie sich schriftlich an die Polizei wenden wollen, bemühen Sie sich um einen sachlichen und neutralen Ton. Anzeigen werden im Allgemeinen in Form eines Protokolls auf der Polizeidienststelle aufgenommen, aber eine schriftliche Schilderung des Sachverhalts kann hier hilfreich sein.

Wenn Sie einen Ansprechpartner haben, können Sie das Schreiben an diesen direkt richten. (Bei höheren Diensträngen ist es üblich, die Amtsbezeichnung in Anschrift und Anrede aufzunehmen.) Ansonsten verwenden Sie die übliche Anrede »Sehr geehrte Damen und Herren …«.

Anzeige

Peter Weiß
Hageldornstr. 2
85049 Ingolstadt

22. September 200X

Polizeidienststelle 13
Eckenerstr. 44

85051 Ingolstadt

Strafanzeige gegen unbekannt

Sehr geehrte Damen und Herren,

heute Morgen stellte ich fest, dass unbekannte Täter an meinem Auto (amtliches Kennzeichen IN-VW 2001) die Windschutzscheibe eingeschlagen haben. An den Seitenfenstern der linken Seite des Wagens sind weitere Kratzspuren zu erkennen. Das Auto war in einer Anwohnerparkbucht vor unserer Wohnanlage geparkt.

Umfragen in der Nachbarschaft ergaben, dass kein weiteres Auto beschädigt wurde. Niemand hat etwas gesehen oder gehört.

Bitte nehmen Sie meine Anzeige gegen unbekannt auf und leiten Sie entsprechende Ermittlungen ein. Für Rückfragen stehe ich Ihnen gerne zur Verfügung (0881 33445).

Mit freundlichen Grüßen

Peter Weiß

Beschwerde

[…]

Straßenübergang Lerchenauer-/Preußenstraße

Sehr geehrte Damen und Herren,

an der Kreuzung Lerchenauer-/Preußenstraße ist durch die U-Bahn-Baustelle seit Juni 200X die Ampelanlage außer Betrieb. Bereits im Juli versuchte ich mehrmals telefonisch, Sie darauf aufmerksam zu machen, dass ein geordneter Übergang für unsere Schulkinder auf dem Weg zur Hans-Sachs-Schule dadurch nicht mehr möglich ist.

Nachdem nun das neue Schuljahr begonnen hat und die Ampelanlage immer noch außer Betrieb ist, möchte ich Sie bitten, dafür zu sorgen, dass an dieser Straßenkreuzung ein gefahrloses Überqueren der Fahrbahn für unsere Schulkinder möglich ist.

Für Rückfragen stehe ich Ihnen gerne zur Verfügung (089 3341199).

Mit freundlichen Grüßen

Versicherung

Hausratversicherung

Susanne Delling
Menzingerstr. 44
81559 München

3. März 200X

Bayerischer Versicherungsverband
Christian Brückner
Hofangerstr. 1–33

81735 München

Neue Hausratversicherung
789377DE09

Sehr geehrter Herr Brückner,

am 1. Mai 200X ziehen wir voraussichtlich in eine neue Eigentumswohnung ein. Die Wohnung ist größer als unsere derzeitige (ca. 120 qm). Aus diesem Grund ist wahrscheinlich eine Anpassung unserer Hausratversicherung notwendig.

Auch muss die Frage geklärt werden, ob die bisher festgelegte Schadenshöhe noch ausreichend ist.

Bitte setzen Sie sich mit mir in Verbindung. Sie erreichen mich tagsüber zwischen 9:00 und 14.00 Uhr unter der Rufnummer 089 56677-22 oder ab 15:00 Uhr privat unter 089 993399.

Mit freundlichen Grüßen

Susanne Delling

Kündigung der KFZ-Versicherung

[…]

Kündigung KFZ-Haftpflichtversicherung für PKW EU-K 4711
Versicherungsnr. KF-45674/2

Sehr geehrte Damen und Herren,

am 9. Oktober 200X habe ich meinen PKW Opel Astra mit dem amtlichen Kennzeichen EU-K 4711 verkauft. Der Käufer ist Julian Rehmer, Vogelstr. 5, 53881 Euskirchen.

Ich kündige hiermit zum heutigen Tag die Haftpflichtversicherung für dieses Fahrzeug. Bitte überweisen Sie den Restbetrag der bereits gezahlten Beiträge auf mein Konto bei der Hausbank Euskirchen (BLZ 3033300, Kontonummer 34565).

Mit freundlichen Grüßen

Krankenhaustagegeld

[…]

Krankenhaustagegeldversicherung 556/34-AG

Sehr geehrte Damen und Herren,

vom 15. bis zum 25. August 200X wurde ich stationär im Elisabeth-Krankenhaus in Essen behandelt. Eine Bestätigung über den Krankenhausaufenthalt liegt diesem Schreiben bei.

Bitte überweisen Sie mir das Krankenhaustagegeld über diesen Zeitraum auf mein Konto bei der Hypobank Essen (BLZ 40450000, Kontonummer 456459).

Mit freundlichen Grüßen

Anlage: Nachweis Krankenhausaufenthalt

Lebensversicherung

[...]

Lebensversicherung 556-RL-546/34

Sehr geehrte Damen und Herren,

bisher war Frau Ulrike Langeveld, Lotzstr. 13, 65934 Frankfurt, als Bezugsberechtigte in meiner Lebensversicherung eingetragen.

Setzen Sie bitte ab dem heutigen Datum Frau Hannelore Weiß, Aubach 1, 35398 Gießen, als Bezugsberechtigte ein.

Ich bitte um schriftliche Bestätigung dieser Änderung.

Mit freundlichen Grüßen

Reiserücktrittsversicherung

[…]

Reiserücktrittsversicherung RKV9487657

Sehr geehrte Damen und Herren,

für meine geplante Argentinienreise schloss ich bei Ihrer Gesellschaft eine Reiserücktrittsversicherung ab. Leider konnte ich meine Reise aus Krankheitsgründen nicht antreten. Der Reiseveranstalter stellte mir daraufhin Stornogebühren in Höhe von 487,56 EUR in Rechnung.

Ich bitte Sie um Überweisung der angefallenen Stornogebühren auf mein Konto (Nr. 345885 bei der Raiffeisenbank Essen, BLZ 59520200).

Ein Attest meines Arztes lege ich diesem Schreiben bei.

Mit freundlichen Grüßen

Anlage
Attest

Privat

Absage

Absage an Bekannte

Liebe Familie Bernas,

wir möchten uns herzlichst für die Einladung zu Ihrem Gartenfest bedanken. Wir hätten gerne daran teilgenommen, doch leider sind wir verhindert: Am gleichen Tag wird in unserer Familie ein 90. Geburtstag gefeiert, und die Jubilarin freut sich schon seit Wochen auf ihre Enkel und Urenkel.

Wir wünschen Ihnen ein schönes Fest mit vielen netten Gästen und schönem Wetter und hoffen, dass sich bald eine neue Gelegenheit für ein näheres Kennenlernen ergibt.

Mit besten Grüßen

Ihre

Familie Knorr

Absage an Freunde

Liebe Martha,
lieber Tom,

vielen Dank für die Einladung zu eurer Verlobungsfeier am übernächsten Samstag. Leider werde ich nicht mitfeiern können, denn morgen Früh geht es los in den lang ersehnten Urlaub nach Mexiko.

Ich wünsche euch ein schönes Fest, lasst es euch richtig gut gehen.

Bis dann

euer

Martin

Adressänderung

Adressänderung Freunde

Hans-Peter Grob
Kaulbachstraße 134
80901 München

München, 20. Mai 200X

Evi Mittermair
Schulstraße 44

98001 Nürnberg

Ich ziehe um

Liebe Evi,

endlich ist es so weit, und ich kann umziehen. Ab 1. Juli 200X erreichst du mich unter der neuen Adresse:

Hans-Peter Grob
Tegernseer Landstraße 103
80913 München
Tel. 089 5656943
Fax 089 5656944

Viele Grüße

dein Hans-Peter

Adressänderung Abonnement

[…]

Adressänderung
Mein Abonnement der Zeitschrift »Geflügelbörse«
Kundennummer: 345G199

Sehr geehrte Damen und Herren,

zum 1. Juli 200X werde ich meinen Wohnsitz verlegen. Bitte schicken Sie mir die Zeitschrift ab diesem Zeitpunkt an folgende Adresse:

Hans-Peter Grob
Tegernseer Landstraße 103
80913 München
Tel. 089 5656943
Fax 089 5656944

Mit freundlichen Grüßen

Anfrage

Allgemeine Hinweise

Es gibt zwei Arten von Anfragen: Mit einer allgemein formulierten Anfrage können Infomaterial, Prospekte, Preislisten o. Ä. angefordert werden. Eine bestimmte Anfrage ist detaillierter und enthält meist eine Bitte um ein konkretes Angebot. Entsprechend sind die Fragen und eigenen Angaben präziser formuliert.

Elemente einer Anfrage:

- Absender
- Betreffzeile
- Grund der Anfrage
- Für was interessieren Sie sich?
- evtl. konkrete Preisangaben, Liefer- oder Zahlungsbedingungen erbitten
- Bitte um Zusendung
- Dank im Voraus

Anfrage Catering

Regina Walz
Schafgarbenweg 2
80991 München

14. August 200X

mexican food & more
Theresienstr. 22

81445 München

Anfrage

Sehr geehrte Damen und Herren,

am 20. November 200X plane ich eine Geburtstagsfeier im Botanikum Palmenhaus (Feldmochinger Str. 23) für ca. 40 Personen.

Als Liebhaberin von mexikanischem Essen würde ich gerne von Ihnen beliefert werden. Bitte machen Sie mir ein Angebot für ein mexikanisches Buffet, bei dem die »Klassiker« wie Nachos, Chili, Enchiladas usw. enthalten sind.

Ich hoffe, bald von Ihnen zu hören.

Mit freundlichen Grüßen

Regina Walz

Anfrage Gartenpflege

[…]

Ihr Angebot im Badener Tagblatt vom 25. Februar 200X

Sehr geehrte Damen und Herren,

in Ihrer Anzeige im Badener Tagblatt vom 25. Februar 200X bieten Sie Gartenpflege mit Rund-um-Service zu einem attraktiven Preis an.

Senden Sie mir bitte folgende Unterlagen zu:

– eine Leistungsbeschreibung Ihrer Firma
– Ihre aktuelle Preisliste
– eine Referenzadresse

Ich wäre an einem längerfristigen Vertrag interessiert. Bieten Sie dazu Sonderkonditionen an?

Vielen Dank im Voraus, ich erwarte Ihre schriftliche Antwort.

Mit freundlichen Grüßen

Anfrage Infomaterial

[…]

Informationsmaterial zum Thema »Light-Produkte«

Sehr geehrte Damen und Herren,

ich bin Schüler der Herzog-Heinrich-Gesamtschule in Bremen, Klasse 10a.

Im Fach Naturwissenschaften/Biologie behandeln wir zurzeit das Thema »Ernährungsgewohnheiten des Menschen«.

Meine Frage an Sie: Haben Sie kostenloses Informationsmaterial zu dem Thema »Light-Produkte«, vielleicht aktuelle Studien oder Statistiken?

Ich würde mich über eine möglichst rasche Antwort sehr freuen. Vielen Dank im Voraus.

Mit freundlichen Grüßen

Anfrage Kfz-Versicherung

[…]

Anfrage wegen Kraftfahrzeugversicherung

Sehr geehrte Damen und Herren,

für meinen Neuwagen möchte ich eine Haftpflicht- und Vollkasko-Versicherung (mit 1000 Euro Selbstbeteiligung) abschließen.

Die wichtigsten Fahrzeugdaten:

- Fahrzeughersteller: Opel
- Fahrzeugtyp: Astra C
- Erstzulassung: 1.2.200X
- 75 KW

Mein jetziges Auto ist in der Haftpflichtversicherung mit einem Beitragssatz von 35 Prozent versichert. Mit dem Pkw fahre nur ich, die jährliche Kilometerleistung liegt unterhalb von 10.000 km. Es steht eine Garage zur Verfügung.

Ich bitte Sie um Zusendung eines schriftlichen Angebots und der Formulare für eine Anmeldung. Vielen Dank im Voraus.

Mit freundlichen Grüßen

Anfrage Tierschutzverein

[…]

Informationen über Pflegeplatz für zwei Graupapageien

Sehr geehrte Damen und Herren,

wir sind schon seit vielen Jahren stolze Besitzer von zwei Timneh-Graupapageien. Während unserer wiederholten Auslandsreisen konnte sich bisher immer ein Mitglied unserer Familie um die Tiere kümmern.

Auch dieses Jahr sind wir wieder von Oktober bis Dezember unterwegs, diesmal jedoch suchen wir einen guten Pflegeplatz für unsere zwei »Grauen«, da keines unserer Kinder bzw. unserer Bekannten genügend Zeit hat. Mit Anzeigen in der Zeitung und ausgehängten Zetteln hatten wir bis jetzt keinen Erfolg.

Aus diesem Grund wenden wir uns jetzt an Sie: Besteht eine Möglichkeit, dass wir über Ihre Organisation einen guten Pflegeplatz für unsere zwei Papageien finden? Wir sind für Adressen oder Tipps sehr dankbar.

Sie erreichen uns tagsüber unter der Telefonnummer 8933559. Wir würden uns sehr freuen, bald von Ihnen zu hören.

Mit freundlichen Grüßen

Anfrage Prämienkatalog

[…]

Ihr aktueller Prämienkatalog

Sehr geehrte Damen und Herren,

ich bin seit nunmehr 5 Jahren interessierter Leser Ihrer Westdeutschen Zeitung. Besonders schätze ich die sachlichen und fundierten Artikel im Politik- und Wirtschaftsteil.

Im Gespräch ergab sich, dass meine Nachbarn mit ihrer Tageszeitung nicht mehr so zufrieden sind und erwägen, eine neue Zeitung zu abonnieren. Ich konnte ihr Interesse an der Westdeutschen Zeitung wecken und wollte nun bei Ihnen nach den aktuellen Prämien bei Werbung eines Neukunden fragen.

Ich hoffe, bald von Ihnen zu hören.

Mit freundlichen Grüßen

Beileidsschreiben

Allgemeine Hinweise

Tod ist ein schwieriges Thema. Wer traurig ist über den Tod eines Menschen, soll schreiben »Ich bin traurig« oder »Ich bin betroffen« und sein echtes Mitgefühl äußern. Bei etwas mehr Distanz können Formulierungen wie »Beileid« oder »Anteilnahme aussprechen« verwendet werden. Auf Floskeln und überflüssige Adjektive (zutiefst, äußerst, aufrichtig) sollten Sie lieber verzichten.

Aufbau eines Beileidsbriefes (Kondolenzbrief)

- Wie haben Sie von dem Todesfall erfahren?
- Wie haben Sie darauf reagiert?
- Drücken Sie Ihr Beileid aus.
- einige Worte über den Verstorbenen: Würdigung, persönliche Erinnerungen, Gedenken an ihn
- Einbeziehung der Hinterbliebenen: Trost, evtl. Hilfe anbieten (nur, wenn ernst gemeint)
- Gruß am Ende des Briefes: z. B. »Wir trauern mit Ihnen«, »Mit stillem Gruß«, »Mit herzlicher Anteilnahme«

Tod eines alten Menschen

Sieglinde Rauh
Ursulastr. 3
44388 Dortmund

28. Januar 200X

Familie
Bender
Rurstr. 45

41749 Viersen

Meine Lieben,

der Tod eurer Mutter und Oma hat mich sehr erschüttert. Ihr wisst, dass wir uns schon in frühester Kindheit kennen gelernt haben und unser ganzes Leben lang »dicke« Freundinnen waren. Nun ist sie vor mir von dieser Erde gegangen und hinterlässt eine Lücke, die nicht mehr zu füllen ist.

So wird es auch bei euch sein, nur dass die Lücke sehr viel größer ist: Denn sie schien oft der Mittelpunkt eurer Familie zu sein, kam gut aus mit Alt und Jung, half, wo es etwas zu helfen gab, und wurde von allen geliebt und verehrt. Wie müsst ihr sie vermissen.

Was Irmgard und mich verband, war nicht nur unsere lange Freundschaft und das hohe Alter, sondern auch das Wissen, dass jedes Leben nur eine von Gott bestimmte Zeit lang dauert: Irgendwann muss man Abschied nehmen. Ruhig und gelassen sprach sie oft mit mir über dieses Thema, und ich danke Gott dafür, dass er ihr einen sanften Tod schenkte.

Lebt wohl und lasst euch ein bisschen trösten durch die Gewissheit, dass Irmgard ein glückliches und erfülltes Leben mit euch hatte.

Eure

Sieglinde

Tod der Ehefrau eines Freundes

Lieber Rainer,

die Nachricht vom Tode deiner Frau hat mich erschüttert. Ich kannte Carla als lebenslustigen und optimistischen Mensch, immer konnte sie den Dingen etwas Positives abgewinnen. Und wie sie mit dir umgehen konnte, das war bewundernswert. Ich glaube, ich kann nur ahnen, wie groß und schmerzhaft dein Verlust ist.

Was kann ich dir Tröstliches sagen? Dass ihr eine schöne Zeit miteinander verbringen durftet und zusammen glücklich gewesen seid? Dass jeder Tag, jede Stunde ein Geschenk war? Wie viele schöne Erinnerungen musst du an sie haben. Ich werde Carla, wie sie lächelnd neben dir steht, nie vergessen.

Ich bin bei dir mit meinen Gedanken. Melde dich bitte jederzeit, wenn du Hilfe brauchst, egal wie.

Dein

Tod der Ehefrau eines Bekannten

Lieber Herr Bornemann,

die traurige Nachricht vom Tod Ihrer Frau hat uns alle betroffen gemacht. Mit ihrem freundlichen Wesen hat sie sehr dazu beigetragen, dass in unserem Haus ein so gutes Klima herrscht. Immer hatte sie ein nettes Wort für jeden von uns parat. Sogar wenn die Kinder mal wieder wild tobten im Hof und der Fußball die aufgehängte Wäsche streifte, blieb sie geduldig und war nachsichtig. Und wenn mal einer von uns Hilfe brauchte, wussten wir, dass wir uns immer an sie wenden konnten.

Sie beide waren für unsere Familien immer ein Vorbild für harmonisches Zusammenleben. Auch nach der Erkrankung Ihrer Frau bewunderten wir, wie aufopferungsvoll Sie sie pflegten und es ihr ermöglichten, so lange wie möglich in der vertrauten Umgebung bleiben zu können.

Wir werden uns immer voll Zuneigung an Ihre Frau erinnern, lieber Herr Bornemann, und alles in unserer Macht Stehende tun, Sie in der kommenden Zeit zu unterstützen. Wann immer Sie Hilfe brauchen, wenden Sie sich bitte an uns.

Mit großer Anteilnahme

Tod des Ehemannes einer Bekannten

Liebe Frau Rheintaler,

Sie haben Ihren geliebten Mann verloren, und ich trauere von ganzem Herzen mit Ihnen. Ihr Schmerz über diesen Verlust muss sehr groß sein, und Sie durchleben eine schwere Zeit. Wie kann ich Sie trösten? Wir Menschen sind alle in Gottes Händen, wir kennen nicht seine Absichten und verstehen nicht den Grund, warum er Ihren Mann jetzt schon zu sich gerufen hat.

Im Vertrauen zu Gott müssen wir auch die Schicksalsschläge in unserem Leben annehmen. Ihr Mann wurde erlöst zum ewigen Leben – und dort, wo er jetzt ist, werden Sie ihn eines Tages wieder sehen. Lassen Sie sich von diesem Gedanken trösten.

Ich fühle mich Ihnen tief verbunden und bete für Sie, dass Gott Ihnen die Kraft gibt, diese schwere Zeit zu überstehen.

Ihre

Tod eines Kindes

Liebe Gudrun,
lieber Kai,

wie können wir euch helfen, diese dunklen Tage zu überstehen? Euer Schmerz über den Verlust von Christina muss unermesslich sein, und es gibt kein Verstehen und keine gerechte Erklärung, dass sie nicht mehr da ist.

Verzweifelt nicht an der Frage »Warum?«. Vier wunderbare Jahre durftet ihr mit eurem kleinen Wildfang verbringen. Im Sturm eroberte sie die Herzen all der Menschen, die sie kennen und lieben lernen durften. Und tief in unseren Herzen werden wir diese Erinnerungen für immer bewahren.

Wir sind für euch da, immer und zu jeder Zeit.

Eure

Tod eines Kollegen

Liebe Frau Hahn,

die Nachricht vom plötzlichen Tod Ihres Mannes hat mich erschüttert. Auch im Namen meiner Frau möchte ich Ihnen unser herzliches Beileid aussprechen.

Vor sechs Jahren lernte ich Helmut an seinem damals neuen Arbeitsplatz kennen, und bald darauf merkten wir, dass wir prima miteinander auskamen. Auf der einen Seite war er verantwortungsbewusst und gewissenhaft, auf der anderen Seite immer zu einem Spaß aufgelegt. Kam jemand zu Helmut und brauchte Hilfe, so bekam er sie. Genau so werde ich ihn in Erinnerung behalten, als einen Kollegen, wie man sich ihn besser nicht wünschen kann.

In tiefer Betroffenheit

Ihr

Tod nach langer Krankheit

[…]

Liebe Frau Horn,

gestern habe ich erfahren, dass Ihr Mann Edgar nach langer Krankheit gestorben ist. Bestürzt und traurig möchte ich Ihnen mein herzliches Beileid aussprechen.

Ich werde Edgar immer als liebenswürdigen und hilfsbereiten Menschen in Erinnerung behalten.

Mit herzlicher Anteilnahme

Tod eines Nachbarn

[…]

Liebe Frau Lehr,

mit großer Bestürzung haben wir die Nachricht vom Tod Ihres Mannes erhalten und möchten Ihnen zu dem schweren Verlust unser herzliches Beileid aussprechen.

Wir kannten ihn seit vielen Jahren als einen liebenswürdigen und anteilnehmenden Menschen, der immer ein offenes Ohr für die Probleme anderer hatte und mit Rat und Tat zur Seite stand. Wir werden oft an ihn als freundlichen und hilfsbereiten Nachbarn denken.

Wenn wir Ihnen in irgendeiner Weise behilflich sein können, scheuen Sie sich nicht, uns anzurufen.

In tiefer Verbundenheit

Beschwerde

Allgemeine Hinweise

Seinem Ärger Luft machen? Sich beschweren – ja. Aber: konstruktiv sein. Das heißt: kein ungezügelter Zorn, keine Drohungen, keine Beleidigungen. Sie wollen eine Veränderung bewirken, dazu müssen Sie der Gegenseite die Möglichkeit geben, Fehler zu erkennen und zu beheben. Gefragt sind dabei vor allem Sachlichkeit und konkrete Informationen.

Aufbau einer Beschwerde:

- Betreffzeile
- eigene Person vorstellen, Zusammenhang mit dem Ärgernis herstellen, dieses sachlich schildern
- persönliche Wertung des Sachverhalts
- evtl. Verweis auf Normen, Richtwerte, Standards, von denen die geschilderten Sachverhalte abweichen
- höflich, aber mit Nachdruck: Bitte oder Aufforderung zur Änderung bzw. Abschaffung des Missstands
- am Schluss evtl. ein versöhnlicher Satz (»auf weiterhin gute Nachbarschaft«)

Beschwerde über Lärmbelästigung

Hans-Werner Deisenhoff
Obermenzinger Str. 44/EG
82133 München

12. Juli 200X

Herrn
Johann Ahmad
Sonnentaustr. 62a

80925 München

Lärmbelästigung

Sehr geehrter Herr Ahmad,

im Frühjahr 200X wurde durch den Mieter Ihrer Wohnung in der Obermenzinger Str. 44, 1. Stock, ein umfangreicher Umbau vorgenommen. Dabei wurden u. a. Parkett und Bodenfliesen eingebaut. Seit diesem Zeitpunkt besteht eine erhebliche Lärmbelästigung, was mit der unsachgemäßen Verlegung der Bodenbeläge zusammenhängt.

Wie Ihnen von unserer Hausverwaltung RDVG mit Schreiben vom 12.06.200X bereits mitgeteilt wurde, muss beim Einbau so genannter harter Böden eine entsprechende Trittschalldämmung fachgerecht eingebaut werden. Nachdem dies ganz offensichtlich nicht der Fall ist, wurden Sie von uns (als Eigentümer der Wohnung, die sich direkt unter der Ihren befindet), öfters telefonisch darauf hingewiesen, dass eine erhebliche Lärmbelästigung besteht (und sich Ihre Mieter zudem in keinster Weise an die in der Hausordnung festgelegten Ruhezeiten halten). Daraufhin versprachen Sie uns wiederholt, dafür zu sorgen, dass die Wohnung mit Teppichen ausgelegt wird, damit nachträglich eine Trittschalldämmung erreicht wird.

Nach dem Einzug offensichtlich neuer Mieter vor zwei bis drei Wochen hat die Lärmbelästigung sowohl tagsüber als auch in den späten Abendstunden ein Ausmaß angenommen, das wir nicht mehr gewillt sind hinzunehmen. Bis jetzt haben wir im Sinne einer guten Nachbarschaft darauf verzichtet, weitere Maßnahmen zu ergreifen. Wir bitten Sie hiermit, die Ursachen für die bestehende Lärmbelästigung bis zum 30. Juli 200X zu beseitigen, entweder durch das Anbringen einer Trittschalldämmung unterhalb des bestehenden Bodenbelags oder durch einen Teppichboden.

Sollte dies bis zu dem angegebenen Zeitpunkt nicht geschehen, sehen wir uns leider gezwungen, uns mit unserem Rechtsanwalt in Verbindung zu setzen.

Mit freundlichen Grüßen

Hans-Werner Deisenhoff

Beschwerde über Müllentsorgung

[…]

Sehr geehrter Herr Schmittmer,

wie Sie vielleicht wissen, grenzt mein Garten direkt an Ihr Mehrfamilienhaus in der Turmstraße, Hausnummer 6.

Bisher gestaltete sich die Nachbarschaft mit den Mietern Ihres Hauses stets problemlos. Leider werden seit vier Wochen die Mülltonnen von Ihren Mietern nicht mehr in den dafür vorgesehenen Schuppen gestellt. Teilweise stehen die Tonnen ganz offen, bzw. es liegen nur unvollständig verschlossene Mülltüten daneben. Durch die warme Witterung werden nicht nur der Geruch, sondern auch Teile des leichten Mülls auf meine Terrasse geweht.

Ich bitte Sie, dafür zu sorgen, dass Ihre Mieter die Mülltonnen wieder ordnungsgemäß befüllen und an den dafür vorgesehenen Ort stellen.

Ich hoffe auf eine gute nachbarschaftliche Beziehung auch in der Zukunft und wäre Ihnen für eine rasche Klärung des Sachverhalts dankbar.

Ihre

Beschwerde über Reinigungszustand

[…]

Beschwerde über den Reinigungszustand in unserer Wohnanlage

Sehr geehrter Herr Ripp,

wir halten den seit Monaten bestehenden Reinigungszustand der Flure, Aufzüge usw. in unserer WEG (Deisenhofer Str. 10–20) für unzumutbar und sind nicht länger bereit, dies hinzunehmen.

Daher beantragen wir, dass der gesamte Fragenkomplex in puncto Reinigung und Instandhaltung als Tagesordnungspunkt bei der nächsten Eigentümerversammlung behandelt wird.

Mit freundlichen Grüßen

(Unterschrift)	Klara Stubenhofer	Deisenhofer Str. 10/5. OG
(Unterschrift)	Fam. Sauer	Deisenhofer Str. 12/EG
(Unterschrift)	Fam. Becker	Deisenhofer Str. 14/6. OG
(Unterschrift)	Werner Artmann	Deisenhofer Str. 18/9. OG
(Unterschrift)	Sieglinde Geihe	Deisenhofer Str. 20/4. OG

Beschwerde über Ware

[…]

Sehr geehrte Damen und Herren,

am 2. Juni 200X habe ich in einem Feinkostladen in Berlin zwei exklusive Pralinenschachteln Ihrer Firma (Typ »Fine des Dames«) gekauft, eine zum Verschenken und eine für mich privat. Leider musste ich nach dem Öffnen feststellen, dass die Pralinen nicht nur äußerst unansehnlich waren, sondern auch von fragwürdigem Geschmack (das Verfallsdatum ist mit Oktober 200X angegeben).

Eine Nachfrage bei der von mir beschenkten Dame ergab, dass sich die zweite Schachtel Pralinen in einem ähnlichen Zustand befand.

Ich sende Ihnen hiermit die geöffnete Pralinenschachtel zu und hoffe, von Ihnen eine Erklärung über die schlechte Qualität zu bekommen. Bis dahin werde ich jedoch Abstand vom Kauf Ihrer Produkte nehmen.

Mit freundlichen Grüßen

Bitte

Allgemeine Hinweise

Nicht jedem Menschen fällt es leicht, um etwas zu bitten. Oft ist dann die schriftliche Form eine gute Lösung. Mit einem Brief gibt man dem anderen die Möglichkeit, sich über die vorgetragene Bitte erst einmal in Ruhe Gedanken zu machen, ohne sofort reagieren zu müssen.

Ist Ihre Bitte an Bekannte oder Freunde gerichtet, sagen Sie in einfachen Worten, was Ihnen am Herzen liegt. Lassen Sie dem anderen auch die Chance, Nein zu sagen. In beruflichen Briefen, in denen es um eine Bitte geht, ist vor allem Sachlichkeit angesagt: Schildern Sie die betreffende Situation und formulieren Sie klar Ihr Anliegen.

Bitte um Empfehlungsschreiben

Claudia Vogel
Volmarsteiner Str. 13
44137 Dortmund 25. Mai 200X

Herrn
Albert Strunz
Siebengebirgsstr. 2

47139 Duisburg

Bitte um Referenz

Sehr geehrter Herr Strunz,

in den letzten drei Jahren war ich für Sie bei mehreren Projekten freiberuflich als Grafikerin tätig. Unsere Zusammenarbeit funktionierte stets unkompliziert und in gegenseitigem Einvernehmen.

Sie haben mir mehrmals zu verstehen gegeben, dass Sie mit meiner Arbeit sehr zufrieden waren. Ich möchte mich nun auf eine Festanstellung in einem bekannten Dortmunder

Grafikbüro bewerben und wollte Sie fragen, ob Sie mir ein Empfehlungsschreiben geben würden bzw. ich Sie als Referenzadresse nennen dürfte?

Ich würde mich über Ihre Unterstützung sehr freuen. Bitte lassen Sie mich kurz wissen, ob Sie meinem Wunsch entsprechen wollen.

Mit freundlichen Grüßen

Claudia Vogel

Bitte um Hilfe in der Familie

Liebe Uschi,

einen Gruß von deiner Schwester. Heute Abend habe ich mir endlich die Zeit genommen, mich hinzusetzen und dir zu schreiben. Wir sehen uns viel zu selten und wenn, dann sind die Kinder dabei und wir kommen nicht zum Reden.

Ehrlich gesagt, mir wächst im Moment alles über den Kopf: Du weißt, ich liebe meine Kinder und meinen Mann, aber mein Job stresst mich, die Kinder fordern den Rest meines Tages all meine Kraft, und Bernhard kommt jeden Tag so spät nach Haus, dass er keine echte Hilfe für mich ist. Daneben der ganz normale Wahnsinn in Form von Haushalt, Einkaufen gehen, Wohnung putzen … Ich fühle mich körperlich und auch geistig vollkommen ausgelaugt und kaputt. Sozusagen »reif für die Insel«.

Da sind wir schon beim Punkt: Ich würde gerne auf die Insel, nur ein paar Tage. Alleine, ohne Kinder, ohne Mann, ohne Arbeit, ohne Putzlappen – nur mit Sonnencreme und vielen Büchern Kraft tanken für den Alltag, mich so richtig ausruhen, ausschlafen und nur machen, was ICH will. Das hört sich furchtbar egoistisch an, aber ich spüre, dass ich dringend eine kleine Auszeit brauche, bevor ich zusammenklappe.

Und da kommst du ins Spiel, denn ich kann diesen Traum nur realisieren, wenn du mir hilfst. Bernhard hat sich bereit erklärt, für eine Woche pünktlich um 17 Uhr von der Arbeit heimzukommen. Aber er schafft es nicht, Clara um 14 Uhr von dem Kindergarten abzuholen, Tom kommt um etwa die gleiche Zeit aus der Schule heim. Beide sind dann bereits »abgefüttert« und haben Spielzeit, sind also für Unternehmungen zu haben. Könntest du dir vorstellen, in dieser einen Woche die Kinder in dieser Zeit zu versorgen?

Ich weiß, das ist eine Riesenbitte an dich. Meine Kinder lieben ihre Tante, aber das heißt nicht, dass sie dir nicht auch gehörig auf die Nerven gehen können. Der genaue Zeitpunkt steht noch gar nicht fest, vielleicht wären die Semesterferien am besten, weil du da keine Vorlesungen hättest?

Überleg's dir einfach und sag mir Bescheid. Ich bin auch nicht böse, wenn's nicht klappt, egal warum.

Ganz liebe Grüße von

Bitte um Finanzhilfe

Lieber Leo,

wahrscheinlich wunderst du dich, dass ich dir schreibe, schließlich haben wir uns erst letzte Woche gesehen. Aber ich habe ein besonderes Anliegen, und es fällt mir leichter, es schriftlich zu formulieren.

Du weißt, dass ich vor zwei Jahren meine Werkstatt, in der ich seit zehn Jahren wohne, von meiner Vermieterin kaufen konnte. Andernfalls wäre das Gebäude abgerissen worden. Der Kaufpreis war günstig, und dank einer stabilen Auftragslage in den letzten vier Jahren war die Finanzierung über meine Hausbank auch kein Problem. Zins und Tilgung stellten eine Belastung dar, die ich auch in ein paar auftragsschwachen Monaten tragen konnte.

Im letzten halben Jahr hat sich die Lage für mich allerdings dramatisch verändert: Mein Hauptauftraggeber, an dessen Wohnungseinrichtung ich seit eineinhalb Jahren arbeite, hat sich, ohne dass ich es wusste, ins Ausland davongemacht. Keine meiner offen stehenden Rechnungen wurde von ihm beglichen. Ich will dir die unerfreulichen Details ersparen, inzwischen liegt der Fall beim Anwalt, und die Chancen stehen sehr gut, dass ich das ausstehende Geld auch bekomme. Immerhin geht es um eine fünfstellige Summe. Aber meine Finanzlage hat sich dadurch arg verschlechtert, weil ich mich voll und ganz auf diesen einen Kunden konzentriert habe.

Inzwischen sind meine Rücklagen erschöpft, und meine Bank weigert sich, mir einen weiteren Kredit einzuräumen. Zwar sind neue Kunden schon in Sicht, und ich arbeite bereits an aussichtsreichen Projekten, aber bis die Zahlungen eintreffen, gilt es eine finanzielle

Durststrecke zu überwinden. Wenn ich meine Zins- und Tilgungsraten nicht bezahlen kann, droht mir der Verlust meiner Wohn- und Werkstatt.

Ich möchte dich um deine Unterstützung bitten. Nicht gerne, denn Freundschaften sollte man nicht durch finanzielle Dinge belasten. Aber ich befinde mich in einer akuten Notlage und sehe keine andere Möglichkeit. Ich bräuchte einen Kredit von rund 8.000 Euro für einen Zeitraum von maximal 12 Monaten. Verzinsung und Sicherheiten müssten wir noch besprechen.

Bitte sage mir möglichst schnell Bescheid, ob du mir hier helfen kannst. Sollte es dir nicht möglich sein, egal aus welchen Gründen, wird das unsere Freundschaft auch nicht stören.

Vielen Dank und liebe Grüße

Bitte um Lehrstelle

[…]

Lehrstelle für meine Tochter Marie

Sehr geehrter Herr Dr. Zanker,

seit mehreren Jahren arbeiten unsere Firmen erfolgreich zusammen. Die Kommunikation und der Austausch zwischen unseren Abteilungen gestaltet sich dabei immer freundlich und entgegenkommend. Heute wende ich mich in einer persönlichen Angelegenheit an Sie:

Meine älteste Tochter Marie wird in zwei Monaten die Realschule erfolgreich abschließen. Ihr Berufsziel ist es, Einzelhandelskauffrau zu werden. Gemäß ihren Interessen wäre für sie ein Ausbildungsplatz in einem angesehenen Damenoberbekleidungsgeschäft am geeignetsten.

Wäre es denkbar, dass meine Tochter in Ihrem Geschäft eine Ausbildung als Einzelhandelskauffrau machen könnte? Marie kann gute schulische Leistungen nachweisen und ist durch ihre freundliche und zuvorkommende Art sicher ein Gewinn für ein Geschäft. Zudem verfügt sie über gute englische Sprachkenntnisse und ein großes Allgemeinwissen.

Ich würde mich freuen, möglichst bald von Ihnen zu hören.

Mit freundlichen Grüßen

Einladung

Allgemeine Hinweise

Größere Feste wie z. B. Hochzeiten, Jubiläen oder Taufen erfordern schriftliche Einladungen. Im Gegensatz dazu werden viele persönliche Einladungen heute telefonisch oder per SMS übermittelt. Eine schriftliche Einladung bietet sich z. B. an, wenn das Event, zu dem eingeladen wird, weiter in der Zukunft liegt oder aber auf die Gestaltung besonderer Wert gelegt wird: Das kann z. B. bei Kindergeburtstagen, ausgefallenen Silvesterpartys, Verlobungen und Hochzeiten vorkommen.

Eine schriftliche Einladung dient immer auch als Erinnerungshilfe für den Termin bzw. die geforderte Ab- oder Zusage. Je nach Ereignis richtet sich der verwendete Sprachstil, von förmlich bis sehr locker ist alles möglich.

Je größer das geplante Fest ist, desto früher die Einladungen verschicken.

Elemente einer Einladung:

- An wen geht die Einladung (Einzelperson, Familie, mit Anhang, mit Freunden)?
- Anlass (Beispiele: Geburtstag, Taufe, Sommerfest, Schulabschluss)
- An welchem Tag/Datum? Um wie viel Uhr?
- Wo? (Evtl.: Wie kommt man hin?)
- Hinweise, z. B. auf erwünschte Kleidung, Mitbringsel, Größe der Feier, Unterbringung (falls erforderlich)
- falls gewünscht: Bitte um Zusage/Absage bis zu einem bestimmten Datum

Einladung zu einem Abendessen

Else und Johannes Martin
Am Bergelchen 56
48891 Niedersfeld

18. November 200X

Frau
Anne Jürgens
Schulstraße 3

48891 Niedersfeld

Sehr geehrte Frau Jürgens,

am Samstag, den 29. November, ab ca. 20 Uhr geben wir für einige Freunde und Bekannte ein Abendessen. Wir würden uns sehr freuen, Sie und Ihren Partner als unsere Gäste begrüßen zu dürfen.

Bitte teilen Sie uns mit, ob wir mit Ihrem Besuch rechnen dürfen.

Mit freundlichem Gruß

Else und Johannes Martin

Einladung zu einem Familientreffen

Einladung zum Familientreffen 200X am Sonntag, den 14. April

Hallo ihr Lieben,

an eben diesem Sonntag wollen wir uns wie jedes Jahr wieder um 12 Uhr in der Gaststätte »Neuwirt« in Goldach treffen.

Unsere liebe Sieglinde hat sich bereit erklärt, uns am Nachmittag mit Kaffee und Kuchen zu bewirten. Wer Zeit und Lust hat, kann noch etwas leckeres Selbstgebackenes mitbringen.

Wir wissen, dass nicht der ganze Clan da sein wird, hoffen aber auf viele Teilnehmer.

Bis dahin alles Gute wünscht euch

Einladung zur Kellerfete

Es ist mal wieder so weit ....

Am

Samstag, den 15. November 200X, 20 Uhr,

steigt wieder eine unserer sagenhaften Kellerfeten mit Originial-Spinnweben und gruseligem Sound von DJ Max, dem Magier. Lasst die Edelklamotten zu Hause, kleidet euch in Sack und Asche und feiert mit uns ein Fest, von dem man noch lange sprechen wird …

Wir freuen uns auf euch.

Einladung zur Silberhochzeit

Einladung zu unserer Silberhochzeit am 14. September 200X

Liebe Frau Rennefeld,

wir laden Sie herzlichst ein, diesen Tag mit uns zusammen zu feiern. Seit nunmehr 30 Jahren kennen wir uns, zunächst als Nachbarn, doch nun schon lange als gute Freunde. Es wäre schön, wenn wir Sie an diesem Festtag bei unserer Feier im Hotel Sonnenhof um 15 Uhr begrüßen dürften.

Wir hoffen auf Ihre Zusage.

Ihre

Einladung zur Verlobung

Verliebt, verlobt …

Liebe Sabine,
lieber Karl,

drei Jahre ist es her, dass ich Natascha am Badesee traf. Wir lernten uns kennen und lieben und sind heute überzeugt davon, dass wir zusammengehören.

Aus diesem Grund wollen wir uns am 12. Mai verloben. Das muss gefeiert werden, und zwar am

Samstag, 13. Mai, ab 20 Uhr

bei uns zu Hause. Wir möchten euch ganz herzlich einladen und erwarten euch als unsere Gäste zum Essen, Trinken, Geschichten erzählen, Lachen …

Bitte sendet uns eure Zusage bis zum 1. Mai, wir freuen uns auf euch.

Eure

Entschuldigung

Allgemeine Hinweise

Termine vergessen, kurzfristige oder überraschende Absagen, zweifelhaftes Verhalten, unabsichtliche Beschädigungen … jeder Mensch wird in die Situation geraten, sich entschuldigen zu müssen. Prinzipiell ist eine persönlich vorgetragene Entschuldigung immer die beste Lösung, auch wenn es manchmal schwer fällt. Doch bei weniger gut bekannten Menschen oder schwierigen Sachverhalten ist oft eine schriftliche Entschuldigung das Mittel der Wahl.

Wenn Sie sich schriftlich entschuldigen, »reden« Sie nicht um den heißen Brei herum: Schildern Sie den Sachverhalt aus Ihrer Sicht, entschuldigen Sie sich dafür und bitten Sie um Verständnis.

Wenn höhere Gewalt im Spiel ist (z. B. nach einem unverschuldeten Wasserrohrbruch, durch den eine andere Wohnung in Mitleidenschaft gezogen wurde), ist eine Entschuldigung zwar nicht unbedingt nötig, aber immer eine nette Geste.

Entschuldigung für abgesagten Urlaub

Liebe Sabine, lieber Olli,

es tut uns furchtbar Leid, aber wir müssen unseren gemeinsamen Urlaub in der Provence absagen. Nach langem Hin- und Herüberlegen haben wir uns schweren Herzens dazu entschlossen, obwohl wir uns so auf die Reise mit euch gefreut haben.

Der Grund dafür ist, dass Klaus leider seinen Job verloren hat und ab dem 1. Mai arbeitslos ist. Die Kündigung kam vollkommen überraschend, und wir wägen gerade alle Möglichkeiten ab, dagegen vorzugehen. Eine befreundete Anwältin riet uns bereits, vor das Arbeitsgericht zu gehen, doch das will alles gut überlegt sein.

Mit knirschenden Zähnen haben wir uns dazu entschlossen, den vierwöchigen Urlaub mit euch zu streichen. Wir wissen erst einmal nicht, wie es jetzt beruflich weitergehen soll, und auch die Finanzen spielen eine Rolle.

Bitte seid uns nicht böse. Nächstes Jahr sieht alles wieder anders aus, dann klappt es bestimmt.

Helga und Heinz

Entschuldigung für Beschädigung

Liebe Frau Dörner,

heute Morgen hatte ich beim Rückwärtsfahren eine sehr unerfreuliche Begegnung mit Ihrer Mülltonne, die – bereit zum Leeren – vor dem Haus stand. Leider zog die Mülltonne den Kürzeren und ist nun erheblich verbeult. Ich bedauere diesen Vorfall zutiefst und möchte mich dafür entschuldigen. Ich muss die Tonne einfach übersehen haben, wahrscheinlich war ich in Gedanken schon bei dem wichtigen Termin, den ich heute Vormittag im Büro hatte.

Ich habe den Schadensfall bereits meiner Versicherung gemeldet. Diese wird sich in den nächsten Tagen mit Ihnen in Verbindung setzen.

Mit diesem Blumenstrauß möchte ich Sie nochmals aufrichtig um Entschuldigung bitten.

Ihre

Entschuldigung für Ruhestörung vor einer Party

Liebe Nachbarn,

am Samstag, den 14. Juli 200X, werde ich hier meinen 40. Geburtstag mit Freunden und Bekannten feiern.

Wir werden uns bemühen, den Hausfrieden nicht nachhaltig zu stören. Sollte es während der Party dennoch zu Lärmbelästigungen kommen, bitte ich Sie um Ihr Verständnis.

Kommen Sie doch einfach vorbei auf ein Gläschen Sekt und feiern Sie mit. Sie sind herzlichst eingeladen.

Entschuldigung für Ruhestörung nach einer Party

Liebe Nachbarn,

wie Sie wissen, habe ich letzten Samstag meinen 30. Geburtstag in meiner Wohnung gefeiert. Leider kam es in den frühen Morgenstunden im Treppenhaus zu einem heftigen Streit zwischen zweien meiner Gäste, durch den sich mehrere Hausbewohner in ihrer Ruhe gestört fühlten.

Ich möchte mich für diesen Zwischenfall in aller Form bei Ihnen entschuldigen und versichere Ihnen, dass so etwas nicht mehr vorkommen wird.

Auf weiterhin gute Nachbarschaft.

Entschuldigung nach Streit

Liebe Jasmin,

bei unserem Treffen gestern ging alles schief, und das tut mir im Nachhinein sehr Leid. Vor allem weil ich schuld daran war, dass es überhaupt zum Streit kam.

Als du von deinen Problemen mit Hans erzählt hast, dachte ich mir: kühlen Kopf bewahren und die Dinge ganz sachlich betrachten. Entsprechend habe ich mich dann wohl auch geäußert. Was ich aber vollkommen dabei übersehen habe, ist, dass meine Worte auf dich unbeteiligt und desinteressiert gewirkt haben müssen. Kein Wunder, dass du so reagiert hast und dass es dann zu einem so heftigen Streit kam.

Ich möchte mich bei dir entschuldigen, dass ich deine Gefühle verletzt habe und mich in der Hitze des Gefechts auch noch abfällig über deine Schwester geäußert habe. Ich wünschte, ich könnte meine Worte ungeschehen machen.

Bitte sei mir nicht mehr böse und gib uns beiden die Chance, noch mal über alles in Ruhe zu sprechen.

Roberta

Entschuldigung für üble Nachrede

Sehr geehrte Familie Döbrich,

gestern erhielt ich von unserer zuständigen Polizeidienststelle die Nachricht, dass der Täter, der vor zwei Wochen den Brand in unserer Wohnanlage legte, endlich gefasst ist.

Bei der Befragung durch die Polizei unmittelbar nach dem Brand wurde ich direkt darauf angesprochen, ob ich es für möglich hielte, dass Ihr Sohn Tobias etwas mit dem Brand zu tun haben könnte. Offensichtlich war von anderer Seite ein Hinweis in diese Richtung ergangen (was wahrscheinlich daran lag, dass Tobias an diesem Abend mit seinen Freunden auf dem Grillplatz eine Party feierte). Ich konnte auf die Frage der Polizei nicht antworten, versäumte es aber, eine eventuelle Mittäterschaft von Tobias auszuschließen.

Dafür möchte ich mich bei Ihnen entschuldigen. Ich weiß um die Gerüchte hier im Haus seit dem Vorfall, und es tut mir aufrichtig Leid, sollte ich in irgendeiner Weise dazu beigetragen haben.

Ich hoffe, Sie tragen mir mein Verhalten nicht nach. Dürfen wir Ihre ganze Familie für Samstagnachmittag zu Kaffee und Kuchen einladen? Sozusagen zur »Nachbarschaftspflege«?

Wir würden uns sehr freuen.

Entschuldigung für verzögerte Rückzahlung

Lieber Werner,

vor einem Jahr hast du mir mit einem Privatkredit geholfen, einen finanziellen Notstand zu überwinden. Nur durch deine Hilfe konnte ich verhindern, dass meine Werkstatt zwangsversteigert wurde. Inzwischen hat sich die Lage erfreulicherweise verbessert: Das kommt u. a. daher, dass ich dieses Jahr bereits zwei große Aufträge von Museen an Land ziehen konnte. Außerdem wird die Zahlungsmoral meiner Kunden langsam besser, und meine Außenstände sind nicht mehr ganz so hoch.

Dennoch reicht es nicht, dir wie verabredet dein Geld zum 1. Januar 200X zurückzuzahlen. Das ist mir sehr unangenehm. Es mangelt mir nicht an Arbeitswillen, so gut kennst du mich. Doch für fast jeden meiner Aufträge muss ich erhebliche Vorleistungen erbringen, und wenn dann erst Monate später nach Einschalten eines Rechtsanwalts die Rechnungen bezahlt werden, dann wird es immer wieder eng.

Ich rechne damit, Ende März spätestens einen großen ausstehenden Betrag zu erhalten. Mit diesem möchte ich als Allererstes meine Schulden bei dir begleichen. Im Moment kann ich nichts anderes tun, als dich um Geduld zu bitten.

Ich hoffe, dass du Verständnis für meine Situation hast. Ein Aufschub kommt natürlich nur dann in Frage, wenn ich dich damit nicht selbst in finanzielle Schwierigkeiten bringe.

Bitte melde dich bei mir, ob wir das so regeln können.

Danke.

Glückwünsche

Allgemeine Hinweise

Ob Sie Ihrem Patenkind zu einem besonderen sportlichen Erfolg gratulieren, einem künftigen Rentner zu seiner geleisteten Arbeit oder Freunden zu einer Geschäftseröffnung: Schriftlich formulierte Glückwünsche sind immer eine besondere Anerkennung. Oft liegt einem solchen Glückwunschbrief ein Präsent bei. Sparen Sie nicht mit Lob, aber übertreiben Sie es auch nicht.

Zum Schulabschluss

Lieber Henri,

du hast es geschafft. Ich gratuliere dir herzlichst zum Schulabschluss – und natürlich auch zu deinen guten Noten. 13 Jahre lang hast du die Schulbank gedrückt, jetzt hast du die »Allgemeine Hochschulreife« endlich in den Händen. Was ist das für ein Gefühl?

Was hast du für Pläne? Willst du an die Universität oder lieber eine Ausbildung machen? Aber wahrscheinlich ist das so kurz nach den anstrengenden Prüfungen gar kein Thema, oder?

Ich kann mich erinnern, dass ich damals einen Tag nach dem Abitur gleich in den Urlaub gefahren bin. Mein Geldbeutel war zwar nicht bestens gefüllt, aber mit ein bisschen Unterstützung durch Eltern und Paten hat es immerhin für drei Wochen Interrail gereicht.

Egal ob für Urlaub oder einen anderen Wunsch: Ich habe dir gestern ein bisschen Geld auf dein Konto überwiesen, ich denke, du kannst es brauchen.

Viel Spaß beim Entspannen – und halte mich auf dem Laufenden.

Dein

Onkel Martin

Zur Geschäftsgründung

Liebe Kathrin, lieber Jürgen,

ihr habt es gewagt und euren Traum verwirklicht, einen eigenen Laden zu eröffnen. Glückwunsch von ganzem Herzen.

Wie viele Jahre habt ihr über euren Plänen gebrütet, gerechnet, abgewägt – bis endlich der richtige Zeitpunkt da war. Ich bewundere euren Mut und euren Unternehmungsgeist. Ihr beide seid ein tolles Team, und ich bin überzeugt davon, dass euer Unternehmen von Erfolg gekrönt sein wird.

Auf eure glückliche Zukunft.

Euer

Zur Promotion

Liebe Lena,

ich gratuliere dir ganz herzlich zu deinen bestandenen Prüfungen. Jetzt haben wir tatsächlich einen Doktor, ich meine eine Doktorin in der Familie.

Mit viel Beharrlichkeit und Klugheit hast du auf dieses Ziel hingearbeitet und alle Probleme, die sich dir in den Weg gestellt haben, bewältigt. Ich glaube, dass du eine sehr gute

Ärztin werden wirst, denn du bist nicht nur klug, sondern ein feiner und einfühlsamer Mensch.

Ich bin sehr, sehr stolz auf dich und wünsche dir für deine Zukunft, dass alle deine Wünsche in Erfüllung gehen mögen.

Dein

Zum Ruhestand

Lieber Franz,

willkommen im Kreis der Ruheständler. Morgen ist dein letzter Arbeitstag, und wahrscheinlich siehst du dem mit äußerst gemischten Gefühlen entgegen. Tatsächlich ist es ein riesiger Schritt aus dem Arbeitsleben hin zum .... tja, was heißt eigentlich Ruhestand?

Wie ich dich kenne, wird da nicht viel sein mit Ruhe. So energiegeladen und topfit wie du bist, wird ein Tennis- den nächsten Golftermin jagen, und dann ist ja noch unsere Skatrunde jeden Mittwoch (und zwar ohne dass du früh aufstehen musst am nächsten Tag).

Ich freue mich mit dir auf deinen neuen Lebensabschnitt und hoffe, dass wir zusammen noch viel Spaß und Freude haben.

Dein

Geburtstag

Allgemeine Hinweise

Es gibt mehrere Möglichkeiten, jemandem schriftlich zum Geburtstag zu gratulieren. Eine Art ist die Zeitungsanzeige, die etwas mehr kostet, aber dafür umso auffallender ist.

Die andere ist die eines Glückwunschbriefes. Auch wenn bereits am Telefon gratuliert wurde, kann ein Brief folgen. Meist werden diese handgeschrieben sein. Sowohl allgemeine Sätze wie »Herzlichen Glückwünsch zum Geburtstag« als auch ganz individuelle Formulierungen sind möglich. Auch hier gilt: keine Floskeln und nicht zu umständlich, lieber persönlich und originell.

Geburtstagsbriefe sind auch eine gute Gelegenheit, sich nach längerer Pause wieder bei entfernt Bekannten oder Verwandten zu melden.

Mögliche Elemente eines Glückwunschbriefes zum Geburtstag:

- zuerst kommt der Glückwunsch, möglich auch als eine Art Betreffzeile über dem eigentlichen Brief
- je nachdem, wie alt das Geburtstagskind wird: ein Rückblick auf die (evtl. gemeinsame) erlebnisreiche Vergangenheit oder ein Ausblick auf die nahe/entfernte Zukunft
- Positives über das Geburtstagskind: Aussehen, Kraft, Schaffensdrang, erreichte Ziele usw.
- »Philosophisches«: der schnelle Gang der Zeit, neuer Lebensabschnitt (18.), halbes Jahrhundert (50.) usw.
- gute Wünsche für das Geburtstagskind: Glück, Gesundheit, Erfolg, Spaß, Geschenke, Ziele erreichen usw.

- evtl. Vermutungen über den Verlauf der Geburtstagsfeier
- evtl. Geschenk ansprechen
- Ausblick auf ein gemeinsames Treffen, Unternehmung, Telefonat o. Ä.

Glückwünsche zum 18. Geburtstag

Lieber Gerd,

zu deinem 18. Geburtstag wünsche ich dir alles Gute. Nun bist du volljährig und ganz für dich und dein Tun verantwortlich. Wenn du jemals in der Klemme steckst oder einen Rat benötigst, kannst du dich immer an mich wenden. Ganz im Sinne des italienischen Sprichworts:

»Wenn der Junge wüsste und der Alte könnte, gäb es nichts, was nicht vollbracht würde.«

Ich hoffe, dass du dir in deinem Leben möglichst viele deiner Wünsche und Träume erfüllen kannst.

Dein Patenonkel

Sebastian

Glückwünsche zum 30. Geburtstag von Freunden

Lieber Jan,

zu deinem 30. Geburtstag gratulieren wir herzlich.

Weißt du noch, früher haben wir gedacht, mit 30, da ist das Leben schon so gut wie vorbei … von wegen. Es bleibt genauso spannend wie bisher. Doch es lohnt sich schon ein kleiner Rückblick auf all das, was du bisher erlebt hast. Als kleine Erinnerungshilfe haben wir dir ein Fotoalbum zusammengestellt, natürlich mit Kommentaren.

Wir wünschen dir, dass deine nächsten 30 Jahre genauso bewegt und glücklich werden wie die vergangenen.

Es grüßen dich

deine Freunde

Glückwünsche zum 50. Geburtstag von Freunden

Lieber Karl,

zu deinem 50. Geburtstag wünschen wir dir alles Gute.

Ein halbes Jahrhundert hast du hinter dir, die zweite Hälfte steht bevor. Wir wünschen dir, dass du diese genauso beherzt und optimistisch angehst wie die erste. Stillstehen war noch nie deine Sache, deswegen haben wir auch gar keine Bedenken, dass du in den nächsten zehn oder zwanzig Jahren Rost ansetzt.

Bleib so wie du bist: ein ehrlicher und offener Mensch, voller Leben und Tatendrang und immer auf der Suche nach neuen Überraschungen.

Deine

Glückwünsche zum 70. Geburtstag von Freunden

Lieber Egon,

zu deinem 70. Geburtstag wünschen wir dir alles erdenklich Gute.

Ein irischer Schriftsteller und Geistlicher namens Jonathan Swift hat einmal gesagt: »Kein kluger Mensch hat jemals gewünscht, jünger zu sein.« Vermutlich könntest du auf so manches Zipperlein gern verzichten, aber sicher nicht auf die Fülle an Erfahrungen und Erlebnissen, auf die du zurückblicken kannst.

Bleib weiter so jung im Geiste – und da soll bekanntlich ein Gläschen Wein nicht schaden. Wir werden aus der Ferne an dich denken und auf dein Wohl anstoßen.

Für die nächsten Jahre und Jahrzehnte wünschen wir dir nur das Allerbeste,

deine

Glückwünsche zum Geburtstag eines Geschäftspartners

Sehr geehrter Herr Sauter,

zu Ihrem Geburtstag sende ich Ihnen meine besten Wünsche.

Auch das kommende Jahr wird in unserer Branche wieder eine Herausforderung werden. Ich bin sicher, dass Sie mit Ihrer Entschlusskraft und Zielstrebigkeit Ihr Unternehmen auch weiterhin erfolgreich führen werden.

Mit einem kleinen Präsent möchte ich Ihnen für unsere bisherige gute Zusammenarbeit danken und hoffe, dass wir diese in Zukunft weiter ausbauen können.

Mit herzlichen Grüßen

Glückwünsche zum Geburtstag an ein Kind

Liebe Maya,

alles Gute und einen dicken Kuss zu deinem neunten Geburtstag.

Ich habe dir ein kleines Scheinchen beigelegt, kauf dir davon was Schönes. Oder vielleicht in die Sparbüchse? Ganz egal: Es gehört dir, und du darfst damit machen, was du willst.

Ich hoffe, dass du mit deinen Freundinnen und Freunden eine tolle Geburtstagsparty veranstaltest und ihr zusammen viel Spaß habt.

Für dein nächstes Lebensjahr wünsche ich dir viele schöne Überraschungen und Erlebnisse.

Deine Tante

Glückwünsche zum Geburtstag an die Mutter

Liebe Mutter,

ich sende dir die allerherzlichsten Glückwünsche zu deinem Geburtstag. Übernächstes Wochenende werden wir alle zusammen feiern, ich freu mich schon darauf.

Doch vorab kommt erst einmal ein Geburtstagspäckchen, mit dem ich dir – wieder einmal – sagen will: Danke für alles, was du für mich getan hast.

Bis zum 24.

Dein

Glückwünsche zum Geburtstag an die Oma

Liebe Omi,

ich schicke dir per Post die allerbesten Glückwünsche zu deinem Geburtstag. Leider kann ich dich diesmal nicht besuchen und dich fest umarmen, weil ich kurz vor meinen ersten Prüfungen stehe. Aber ich denke ganz viel an dich, und sobald ich fertig bin, wird der Besuch nachgeholt.

Sicher machst du wieder eine Party mit deinen Damen vom Kegelclub, stimmt's? Wenn ich an die leckeren Kuchen denke, die du backen wirst … niemand kann den Mohn-Streusel-Kuchen so machen wie du, nicht mal die edelste Konditorei des ganzen Landes.

Liebe Omi, ich wünsche dir für das kommende Jahr und die vielen folgenden Jahre vor allem Gesundheit und weiterhin viel Lebensfreude. Es ist schön, eine Oma wie dich zu haben.

Deine Enkelin

Glückwünsche zum Geburtstag an den Vater

Lieber Papa,

wir wünschen dir zu deinem Geburtstag alles Liebe und Gute.

Lange haben wir über das richtige Geschenk für dich gegrübelt, aber zusammen haben wir es gefunden: Weil wir wissen, dass du im Geiste immer jung geblieben und auch Neuem gegenüber offen bist, schenken wir dir eine Digitalkamera. Und dazu eine ganz persönliche Einführung durch deine Kinder.

Also kann gar nichts schief gehen, und du kannst die Serie der Familienfotos jetzt digital fortführen (das ist viel platzsparender …).

Noch mal alles Gute für dich und einen wunderschönen Geburtstag.

Deine

Geburtstagswünsche einer Tochter an die Mutter

Liebe Mama,

zu deinem 60. Geburtstag wünsche ich dir alles, alles Gute.

Obwohl wir uns regelmäßig sehen, reicht die Zeit oft nicht aus, all das zu sagen, was es zu sagen gibt: Ich bin stolz darauf, eine Mutter wie dich zu haben. Du bist mir eine echte Freundin geworden, die mir in meinem Leben oft mit Rat und Tat zur Seite stand.

Obwohl du es früher nicht immer leicht hattest mit uns drei Kindern, konnten wir uns immer auf dich verlassen. Das weiß ich erst jetzt, wo ich selber Kinder habe, richtig zu schätzen. Vieles, was du mir in meiner Kindheit für mein Leben mitgegeben hast, möchte ich auch an meine Kinder weitergeben, für die du übrigens die beste »Oma« der Welt bist – auch wenn du überhaupt nicht wie eine Großmutter aussiehst.

Ich habe dir noch so viel zu sagen – und deswegen freue ich mich auf unsere nächsten gemeinsamen Unternehmungen, von denen es noch sehr viele geben soll.

Alles Liebe

deine

Spenden statt Geschenke

[…]

Spende in Höhe von 600 Euro

Sehr geehrte Damen und Herren,

vergangene Woche konnte ich meinen 60. Geburtstag im Kreise meiner Familie und Freunde und Bekannte feiern. In der Einladung zu meinem Fest bat ich die Gäste, statt

Geschenke lieber einen Geldbetrag zu spenden, den ich einer Kinderschutzorganisation zukommen lassen wollte.

Nach sorgfältiger Recherche habe ich mich für Ihre Organisation, die sich für Not leidende Kinder auf der ganzen Welt einsetzt, entschieden.

Ich freue mich, Ihnen mit gleicher Post einen Verrechnungsscheck in Höhe von 600,00 Euro zukommen lassen zu können. Bitte bestätigen Sie mir den Empfang des Schecks. Ich hoffe, damit einen kleinen Beitrag für Kinder in Not leisten zu können.

Mit freundlichen Grüßen

Hochzeit

Allgemeine Hinweise

Wenn Sie dem Hochzeitspaar schriftlich gratulieren wollen, trifft Ihr Brief am besten genau an dem Tag ein, an dem die Trauung stattfindet. Sind Sie auf eine Feier eingeladen, kann der Brief zum Geschenk dazugelegt werden. Sparen Sie nicht mit guten Wünschen für das Paar.

Mögliche Inhalte:

- Glückwünsche und persönliche Freude über die Trauung
- Hochzeit als wichtiger Lebenseinschnitt mit positivem Blick in die Zukunft und Betonen der Gemeinsamkeit
- über die Brautleute: Kennenlernen, Zusammenpassen usw.
- evtl. ein humorvoller Blick zurück auf das Junggesellendasein
- evtl. Bezug auf das Geschenk

Ob man durch eine Anzeige in der Zeitung auf eine (bevorstehende) Hochzeit aufmerksam macht, bleibt jedem Paar selbst überlassen. Üblich ist es, neben den Namen auch Datum, Uhrzeit und Ort der Trauung zu nennen.

Glückwünsche zur Hochzeit von Bekannten

Liebe Braut,
lieber Bräutigam,

wir möchten nicht versäumen, Ihnen an diesem besonderen Tag unsere herzlichsten Glückwünsche auszusprechen.

Die Hochzeit soll ein unvergessliches Erlebnis in Ihrem gemeinsamen Leben sein. Obwohl wir an diesem wichtigen Ereignis nicht teilnehmen konnten, wünschen wir Ihnen für die nächsten Jahre und Jahrzehnte viel Glück und Harmonie in Ihrer Ehe.

Mit den allerbesten Wünschen

Familie Edelmann

Glückwünsche zur Hochzeit von Freunden

Liebe Bettina,
lieber Karl,

seit acht Jahren liebt ihr euch, seit fünf Jahren wohnt ihr zusammen, und eure süße Tochter wird bald drei Jahre alt. Wer denkt da noch, ihr heiratet?

Was für eine Überraschung – und was für eine Freude über eure Heiratsanzeige. Ehrlich gesagt, haben wir damit nicht mehr gerechnet, denn auch ohne Trauschein habt ihr beide so viel gegenseitiges Vertrauen, Achtung und Verständnis ausgestrahlt.

Nun geht ihr den gemeinsamen Lebensweg ganz »offiziell« zusammen, und wir wünschen euch von ganzem Herzen, dass all eure Wünsche in Erfüllung gehen und wir euch auch weiterhin als Freunde begleiten dürfen.

Alles Liebe

Glückwünsche zur Hochzeit von einem Kumpel

Lieber Bernd,

die Tage deines Jungesellendaseins sind gezählt, denn ein blondes Wesen namens Monika hat dich verzaubert, und von nun an werdet ihr gemeinsam unterwegs sein. Als dein Freund kann ich dir nur gratulieren, denn ich glaube, etwas Besseres als Monika hätte dir gar nicht passieren können.

Ich wünsche dir viel Glück und freue mich schon auf eine rauschende Hochzeit.

Dein

Glückwünsche zur Silberhochzeit

Liebe Waltraud,
lieber Paul,

zu eurer Silberhochzeit wünschen wir euch alles Gute und gratulieren ganz herzlichst.

25 Jahre lang seid ihr zusammen durch Höhen und Tiefen gegangen und habt euren Freunden oft gezeigt, dass man gemeinsam stark sein kann. Wir wünschen euch, dass ihr auch das nächste Vierteljahrhundert weiterhin so glücklich miteinander seid.

Mit den besten Wünschen

eure

Glückwünsche zur goldenen Hochzeit

Liebe Sibylle,
lieber Gustav,

seit 50 Jahren seid ihr ein Paar und feiert nun eure goldene Hochzeit. Vieles hat sich verändert, aber ihr zwei seid so liebenswert wie damals.

Wir hoffen, dass auch dieser Tag für euch etwas ganz Besonderes wird und ihr ihn feiern könnt mit der ganzen Familie.

Von ganzem Herzen wünschen wir euch Glück und viel Gesundheit.

Eure

Erstkommunion

Allgemeine Hinweise

In katholischen Regionen, vor allem auf dem Land, ist die Erstkommunion immer noch ein wichtiges Fest, bei der Glückwünsche nicht nur von Verwandten, sondern auch von Bekannten üblich sind. Wenn Sie eine vorgedruckte Glückwunschkarte verwenden, schreiben Sie unbedingt noch ein paar persönliche Zeilen dazu. Je nachdem, wie Sie selbst zu religiösen Dingen stehen, können Sie entweder aus eigener Erfahrung berichten (Ihre eigene Erstkommunion) und/oder Überlegungen über den christlichen Hintergrund der Feier anstellen. Wenn Sie ein Geschenk beilegen, nehmen Sie Bezug darauf.

Gratulation zur Erstkommunion

Lieber Henri,

herzlichen Glückwunsch dem Kommunionskind. Leider kann ich nicht an der Feier teilnehmen, wünsche dir aber einen schönen Tag mit deiner Familie und natürlich viele schöne Geschenke.

Meine erste heilige Kommunion habe ich in keiner guten Erinnerung: Ich hatte schreckliche Angst vor der Beichte (das musste man damals vor der Zeremonie machen, mit Beichtstuhl und Vorhang), weil ich schlimme Strafen »von oben« befürchtete. Aber es war alles nicht so schlimm, und die Feier und die vielen Geschenke waren prima.

Ich weiß von deiner Mutter, dass du auf ein neues Fahrrad sparst. Deswegen lege ich ein Scheinchen bei für die Sparbüchse und hoffe, dass du dir diesen Wunsch bald erfüllen kannst.

Viele liebe Grüße von

deiner

Tante Regina

Fromme Glückwünsche zur Erstkommunion

Liebe Erika,

zum Fest der heiligen Kommunion gratulieren wir dir ganz herzlich.

In deiner Vorbereitung hast du erfahren, dass du nun unseren Herrn in Form von Brot und Wein empfangen darfst und ihm so ein Stückchen näher rückst. Es ist ein großer Tag für einen gläubigen Menschen, und ich wünsche dir, dass du ihn mit deiner Familie und Freunden feiern wirst.

Ich lege dir ein Buch als Geschenk bei, in dem junge Menschen von ihren Begegnungen mit dem Glauben und mit Gott erzählen. Ich hoffe, dass es dir gefallen wird.

Möge Gott dich auch weiterhin auf allen deinen Wegen begleiten und beschützen.

Deine

Tante Mathilde

Konfirmation

Allgemeine Hinweise

Die Konfirmation ist ein guter Anlass, Nichten, Neffen, Enkeln oder Patenkindern einen Brief (und eventuell ein kleines Geschenk) zu schicken. Je nachdem, ob Sie selbst mit Glaubensfragen etwas verbinden können, empfiehlt sich eine entsprechende Formulierung in Ihrem Brief.

Mögliche Inhalte für ein Glückwunschschreiben zur Konfirmation:

- Gratulation
- Hinweis auf den Übergang zum Erwachsenenalter
- Gedanken zum christlichen Glauben, sowohl für das eigene Leben als auch das des Konfirmanden
- Erinnerungen an die eigene Konfirmation
- gute Wünsche für die Feier und die Zukunft

Gratulation zur Konfirmation

Liebe Lena,

vor 14 Jahren hielt ich dich als kleines Baby auf dem Arm und versprach, dir eine gute Patin zu werden. Ich weiß noch genau, wie du mich angelacht hast (bis das Taufwasser kam …).
Inzwischen sind wir Freundinnen geworden, und bei deiner Konfirmation heute bin ich wieder besonders stolz darauf, deine Patentante zu sein. Du kannst auch weiterhin auf mich zählen, das weißt du.

Ich wünsche dir in deinem weiteren Leben viel Glück und Erfolg und die Erfüllung vieler deiner Wünsche.

Deine Bernadette

Fromme Glückwünsche zur Konfirmation

Liebe Lena,

am Tag deiner Konfirmation wünsche ich dir, dass dich der Glaube an Gott dein Leben lang begleitet und dir festen Halt gibt. Als Teil der großen kirchlichen Familie wirst du immer Schutz und Hilfe finden, wenn du sie benötigst.
Ich wünsche dir einen besonders festlichen und fröhlichen Tag mit deiner Familie und Freunden und bin mit den besten Grüßen

deine

Geburt

Allgemeine Hinweise

Die Geburt eines Kindes ist etwas ganz Außerordentliches. Vor allem für neue Eltern ändert sich das gesamte Leben schlagartig.

Stehen Sie den Adressaten sehr nahe und wollen einen Glückwunsch schicken, bringen Sie Ihre Freude über das Ereignis ganz persönlich zum Ausdruck. Nicht die Länge des Briefes ist entscheidend, sondern Ihre ehrlichen Gedanken und Wünsche. Auch nur entfernt bekannte Personen können durch ein Schreiben an der Geburt eines Kindes teilhaben und ihre Glückwünsche schicken.

Inhalte eines Glückwunschbriefes zur Geburt eines Kindes können sein:

- persönliche Freude
- Hinweis auf das Besondere einer Geburt
- Hinweis auf die Änderungen, die sich im Leben ergeben, positive Beschreibung der neuen Situation: eine Familie sein, gemeinsam Neues entdecken, Entwicklungen usw.
- Würdigung der Mutter nach Schwangerschaft und Geburt mit Wünschen für deren rasche Erholung
- gute Wünsche für das Wachstum und die Entwicklung des Kindes
- Wünsche für die Eltern
- evtl. beigelegtes Geschenk ansprechen
- evtl. einen Besuch ansprechen

Bei der Formulierung einer Geburtsanzeige stehen Ihnen als Eltern alle Möglichkeiten offen. Neben dem Namen und Geburtsdatum des neugeborenen Kindes können Sie noch

Geburtsgewicht und -größe nennen. Die Adresse gibt anderen die Möglichkeit, zum glücklichen Ereignis schriftlich zu gratulieren.

Willkommensgruß an ein Neugeborenes

Liebe Isabel,

wir möchten dich auf dieser wunderschönen Welt herzlich willkommen heißen und wünschen dir ein Leben voller Gesundheit und Glück.

Auch deinen frisch gebackenen Eltern und den glücklichen Großeltern wollen wir gratulieren, hoffentlich verbringst du viele glückliche Stunden mit ihnen.

Viele liebe Grüße

Elaine und Hans

Gratulation an Bekannte

Liebe Familie Bender,

wir gratulieren Ihnen herzlichst zur Geburt Ihres Sohnes Philipp und wünschen dem neuen Erdenbürger alles Gute für seinen weiteren Lebensweg.

Nachdem der Winter vor der Tür steht, anbei ein warmes Jäckchen für den Kleinen und etwas zum Naschen für die Mutter.

Viele liebe Grüße

Gratulation an eine Freundin

Liebe Stephanie,

herzlichen Glückwunsch zur Geburt deiner Tochter. Wahrscheinlich hast du die Mühen der späten Schwangerschaft und der Geburt längst vergessen und hast nur noch Augen für dein Mädchen. Ist ein Kind nicht ein kleines Wunder?

Ich kann es kaum erwarten, bis ich euch beide sehen kann. Aber ich gedulde mich, denn erst einmal müsst ihr euch aneinander gewöhnen. Sobald du so weit bist, Besuch zu empfangen: ein kurzer Anruf genügt.

Alles Liebe, du hast das prima gemacht.

Deine

Mitteilung über Geburt an die Großeltern

Liebe Eltern,

oder sollte ich lieber sagen: Großeltern? Als ich euch vorgestern die große Neuigkeit am Telefon erzählte, hatte ich nicht viel Zeit und war sehr müde.

Unsere Johanna ist geboren. Sie wiegt 3350 Gramm und ist das schönste Mädchen, das ich jemals gesehen habe. Ihr wisst, ich konnte nie so richtig verstehen, warum Eltern immer nur von ihren Kindern reden, aber jetzt weiß ich es. Ich könnte euch seitenlang von ihren blauen Augen, ihren blonden Haaren und ihren winzigen Händen und Füßen erzählen …

Damit ihr nicht so lange warten müsst, bis ihr Johanna sehen könnt, habe ich euch ein erstes Foto beigelegt. Sobald wir drei uns zu Hause aneinander gewöhnt haben, freuen wir uns auf euren Besuch.

Viele Grüße von eurem stolzen Sohn und seinen beiden Frauen

Mitteilung über Geburt an Kollegen

Liebe Kolleginnen und Kollegen,

vorgestern Nacht um 4:36 Uhr wurde unsere 3150 Gramm schwere Marie geboren. Die Freude ist riesengroß. Jetzt bin ich also Vater – und wurde gleich in die Geheimnisse des Wickelns eingeweiht.
Aber ihr kennt mich: flexibel und geduldig lerne ich auch dies. Ich habe ja eine Woche

Zeit, bevor ich wieder an meinem Arbeitsplatz in der Firma erscheinen muss. Aber wundert euch nicht über Ringe unter den Augen … Marie scheint eine echte Nachteule zu werden, die dafür tagsüber selig schläft.

Ich möchte euch alle, die ihr mitgefiebert habt in den letzten Wochen, an meiner Freude teilhaben lassen und bitte euch deshalb an meinem ersten Arbeitstag (Montag) um die Mittagszeit in mein Büro zu einem kleinen Umtrunk.

Es grüßt euch der stolze Vater

Gratulation an einen Freund

Lieber Robert,

ich gratuliere dir zur Geburt deiner Tochter. Anscheinend hast du trotz deiner Bedenken alles gut überstanden, und dein Mut, mit deiner Frau in den Kreissaal zu gehen, wurde belohnt. Am Telefon hast du dich angehört wie ein mächtig stolzer Vater.

Ich bin gespannt, wie es jetzt weitergeht. Du hast oft gelästert über die Familienväter, die das Büro pünktlich verlassen, um dem Nachwuchs noch eine gute Nacht zu wünschen. Du sagtest, dir würde so etwas nie passieren. Ich denke, wir sollten erst einmal abwarten, wie sich das bei dir entwickeln wird. Vielleicht stellst du mir deine kleine Anne mal vor?

Ich hoffe, dass dich deine kleine Tochter nicht davon abhalten wird, ab und zu einen Abend mit deinen alten Freunden zu verbringen. Bis dahin wünsche ich dir alles Gute und viele Vaterfreuden.

Dein

Genesungswünsche

Allgemeine Hinweise

Bei harmlosen Erkrankungen oder Unfällen, die glimpflich ausgegangen sind, können Genesungswünsche humorvoll sein und den Kranken aufmuntern und erheitern. Doch das Wichtigste ist das Mitgefühl, denn Kranksein ist in den wenigsten Fällen angenehm. Auch hier gilt: Verzichten Sie auf Floskeln und schreiben Sie individuell unter Einbeziehung Ihrer persönlichen Beziehung zu dem Kranken.

Schwierig wird es, wenn es sich um schwere oder sogar unheilbare Erkrankungen handelt. Hier ist großes Feingefühl erforderlich. Im Vorfeld eines Briefes sollten Sie versuchen, sich auf die Person des Erkrankten einzustellen: Wie geht dieser mit seiner Krankheit um? Stellt er sich der Realität, oder negiert er seinen Zustand? Handelt es sich um einen gläubigen Menschen? Wie offen dürfen Sie Ihre Gedanken äußern?

Allgemein gilt für Genesungswünsche:

- Der Brief soll nicht traurig, sondern optimistisch klingen.
- Werfen Sie einen Blick in die Zukunft, so dass dem Kranken eine Perspektive eröffnet wird.
- Wünschen Sie eine gute Besserung.
- An engere Freunde oder Verwandte ist ein handschriftlicher Brief angebracht (wenn Ihre Schrift einigermaßen leserlich ist).
- Ein kleines Geschenk mitschicken kommt fast immer gut an.

Genesungswünsche an die Oma

Liebe Omi,

was für ein Pech. Kaum hast du die eine Grippe hinter dir, holt dich schon die nächste ein und du musst das Bett hüten. Vielleicht warst du wieder mal zu übermütig und hast dich nicht genug geschont?

Ich weiß, du hast immer so viel zu tun und kannst es gar nicht leiden, im Bett zu liegen. Aber bitte gib dir die Zeit, diesmal wieder ganz gesund zu werden, versprochen? Schließlich will ich mit dir nach meinen Prüfungen richtig feiern gehen. Also lass dich schön pflegen und sei nicht so ungeduldig.

Auf jeden Fall denke ich ganz fest an dich, und morgen schicke ich dir ein ganz spannendes Buch, damit es dir nicht langweilig wird.

Fühle dich umarmt von

deiner Enkelin

Sabine

Genesungswünsche bei schwerer Erkrankung

Liebe Susanne,

heute Morgen erhielt ich deinen Brief, in dem du mir deine schwere Erkrankung mitteilst. Erst wusste ich nicht, was tun, aber dann wurde mir klar, dass ich dir gleich schreiben möchte. Denn du sollst wissen, dass ich ganz fest an dich denke.

Alles muss plötzlich anders für dich sein, nichts mehr so, wie es vorher war. Du bist unsanft aus deinem normalen Leben gerissen worden und plötzlich wird von Diagnosen, Therapien und Prognosen geredet. Das macht Angst. Und auf der anderen Seite wird jeder Moment, jeder Eindruck, jedes Erlebnis auf einmal unglaublich wertvoll. Nichts ist mehr selbstverständlich, sondern jede Blume, jedes Lachen, jede Freude ist ein Geschenk.

Deine Krankheit wurde schon in vielen Fällen geheilt, und ich bin mir sicher, dass dein Wille zum Leben, deine Energie und deine Kraft dir dabei helfen werden, dass du wieder gesund wirst.

Ich bin mit meinen Gedanken und Wünschen bei dir.

Deine

Ostern

Allgemeine Hinweise

Mit Ostern lassen sich nicht nur Hasen, Schokoeier und Lammbraten verbinden, sondern auch der Frühlingsbeginn und religiöse Inhalte. Das Osterfest ist eine gute Gelegenheit, auch entfernt Verwandten und Bekannten einen Gruß zu senden.

Mögliche Inhalte eines Briefs zu Ostern:

- gute Wünsche für das Fest
- christlich: Gedanken über die Bedeutung des Osterfestes (Erlösung und Auferstehung)
- Überlegungen zur Jahreszeit: der Frühling besiegt den Winter, neuer Beginn usw.
- Tradition und Brauchtum: Osterhase, Ostereier …

Ostergrüße an die Eltern

Liebe Eltern,

ich wünsche euch ein frohes Osterfest.

Ich fahre mit den Kindern in den Osterferien in den Bayerischen Wald auf einen kleinen Bauernhof. Das wünschen sich die beiden schon seit Monaten. Karl muss leider arbeiten und zu Hause die Stellung halten, so dass wir drei allein unterwegs sind.

Fängt bei euch im Garten schon alles an zu blühen? Wie ich Mama kenne, verbringt sie jetzt viel Zeit draußen. Ist es nicht herrlich, dass der Frühling endlich kommt und den Winter in seine Schranken weist? Hat Papa seinen Leseplatz auf der Veranda schon wieder bezogen? Lasst es euch richtig gut gehen und genießt jeden Sonnenstrahl.

Die Kinder haben euch ein Osterbild gemalt, erkennt ihr euch wieder neben dem Osterhasen? Sie lassen euch viele Grüße ausrichten.

Bleibt gesund und munter, hoffentlich bis bald.

Eure

Sabine

Ostergrüße an Freunde

»Vom Eise befreit sind Strom und Bäche,
durch des Frühlings holden, belebenden Blick …«

Liebe Christiane,
lieber Rainer,

kennt ihr euren Goethe noch und den Osterspaziergang aus dem »Faust«? In diesem Sinne wünschen wir euch frohe Ostern und schöne Feiertage.

Habt ihr nicht auch das Gefühl, dass der Frühling den Winter besiegt hat und es endlich milder wird? Sogar bei uns in den Balkonkästen zeigt sich das erste Grün. Wir freuen uns auf Ostern und die freien Tage, nachdem unsere Jobs nach wie vor stressig sind.

Wie wär's mit einem gepflegten Osterspaziergang am Sonntagnachmittag? Meldet euch, wir würden uns freuen.

Bis dann

Ostergrüße an ein Kind

Liebe Isabel,

stell dir vor: Gestern kam der Osterhase hier vorbei und hat ein kleines Geschenk für dich abgegeben. Obwohl doch noch gar nicht Ostern ist. Ich soll es dir schicken und einen Gruß von ihm sagen, er würde dann an Ostern selbst noch mal bei dir vorbeischauen …

Viel Spaß mit dem schönen Buch, ich durfte es schon ansehen und finde die Geschichte vom kleinen Osterhasen Wuppdich ganz reizend. Wenn du das nächste Mal zu mir kommst, bringst du es mit, und wir können es gemeinsam anschauen, ja?

Ich wünsche dir ein schönes Osterfest mit deinen Eltern, grüße sie schön. Und natürlich viel Spaß beim Ostereiersuchen in eurem schönen Garten.

Deine

Weihnachten

Weihnachtsgrüße an Bekannte

Liebe Stephanie,
lieber Richard,

wir wünschen euch und euren Kindern ein schönes, besinnliches Weihnachtsfest und einen guten Start ins nächste Jahr.

In der Vorweihnachtshektik war leider keine Zeit mehr für ein Treffen, aber gleich im neuen Jahr sollten wir das unbedingt nachholen. Was haltet ihr vom dritten Januar-Wochenende hier bei uns zu Glühwein und Plätzchen?

Wir freuen uns auf eure Zusage.

Eure

Carla, Bernd und Corinna

Weihnachtsgrüße an eine Freundin

Liebe Marlis,

dir und deiner Familie wünsche ich eine schöne und friedliche Weihnachtszeit und ein erfolgreiches neues Jahr.

Ich werde die Feiertage bei meinen Eltern verbringen und anschließend die Zeit bis Silvester dazu nutzen, etwas zur Ruhe zu kommen. Weihnachten ist immer ein besonderes Fest, vor allem im Haus der eigenen Eltern. Da kommen Erinnerungen an die Kindheit hoch, die man längst vergessen glaubte. Du feierst dieses Jahr zum ersten Mal Weihnachten mit deiner Tochter, und ich kann mir gut vorstellen, wie die Kleine den schön geschmückten Baum bestaunt.

Ich umarme dich und wünsche dir und deinen Lieben von ganzem Herzen eine schöne Zeit.

Deine

Weihnachtsgrüße an Nachbarn

Liebe Familie Wunderlich,

sonst überbringen wir als Nachbarn unsere Weihnachtsgrüße immer persönlich, aber nachdem Sie dieses Jahr in die Sonne »fliehen«, wollen wir Ihnen jetzt schon ein schönes Weihnachtsfest und einen guten Start ins nächste Jahr wünschen.

Erholen Sie sich gut und viel Spaß im Urlaub

wünscht Ihnen

Familienprobleme

Allgemeine Hinweise

Konflikte innerhalb der Familie sind oft besonders schwer anzusprechen oder zu lösen – gerade weil man sich nahe steht oder einmal nahe stand. Ein Brief kann eine gute Möglichkeit sein, einem Familienmitglied Unangenehmes oder Überraschendes mitzuteilen. So gibt man dem anderen die Möglichkeit, das Gelesene erst einmal zu überdenken und nicht sofort reagieren zu müssen, wie es bei einem persönlichen Gespräch der Fall ist.

Hier haben Sie die Möglichkeit, Ihre eigenen Gedanken und Gefühle darzulegen und sich zu erklären, ohne unmittelbar auf die Äußerungen des Gegenübers eingehen zu müssen. Nutzen Sie die Gelegenheit, Ihre Lösungsvorschläge vorzubringen oder ein Versöhnungsangebot zu machen.

Aufgabe des Familienbetriebs

Lieber Manfred,

was sich seit mehr als zwei Jahren bereits angedeutet hat, ist nun bittere Realität geworden: Ich sehe mich gezwungen, unseren Juwelierladen aufzugeben.

Vor fünf Jahren habe ich den Laden von unserem Vater übernommen. Schon damals liefen die Geschäfte nicht mehr so gut wie früher. Dann wurde vor zwei Jahren in der Nebenstraße eine Filiale von Uhren Weiß eröffnet, was sich nicht gerade positiv auf unser Geschäft auswirkte. Dazu kommen die allgemeine schlechte Wirtschaftslage und die verminderte Kaufkraft der Kunden. Seit zwei Monaten brüte ich über den Zahlen und bin zu dem Schluss gekommen, dass es sinnvoll wäre, den Laden aufzugeben, bevor es zu spät ist.

Du kannst dir vorstellen, wie schwer mir diese Entscheidung fällt, schließlich waren wir ein Familienunternehmen. Mit Vater habe ich gestern ein ausführliches Gespräch gehabt, und obwohl es auch für ihn schwierig ist, hat er sein Einverständnis gegeben.

Auch wenn du mit dem Laden nicht viel zu tun hast, ist es mir wichtig, dich in diese Entscheidung mit einzubeziehen. Vielleicht wäre es dir möglich, in den nächsten Wochen einmal nach München zu kommen? Dann können wir alles in Ruhe besprechen.

Melde dich sobald wie möglich.

Deine Schwester Sabine

Beziehung zur Schwester

Liebe Laura,

seit mehreren Monaten gehst du mir aus dem Weg und sagst, du hast keine Zeit für ein Treffen. Ich weiß, dass du beruflich und mit deiner Familie sehr eingespannt bist und sicher kaum noch freie Zeit für dich selbst hast. Aber das war auch schon früher so, und doch hast du ab und zu ein Stündchen Zeit gehabt für einen Ratsch unter Schwestern.

Ich glaube, das Problem ist nicht der Mangel an Zeit, sondern Peter, mein neuer Freund. Schon als ich ihn dir vorgestellt habe, hast du seltsam reagiert. Dann die vielen kleinen Bemerkungen, er sei doch wohl nicht der Richtige für mich. Wie könne ich nur mit »so einem« befreundet sein. Warum ist er dir so unsympathisch? Was stört dich so an ihm? Ist etwas vorgefallen, von dem ich nichts weiß?

Ich weiß nicht so recht, was ich davon halten soll. Ich weiß nur, dass ich dich als meine Schwester und Freundin vermisse. Warum kannst du Peter nicht akzeptieren als meinen Freund? Wie ernst unsere Beziehung ist, kann ich auch noch nicht sagen, das wird sich zeigen. Vertrau doch meiner Menschenkenntnis, wenn er wirklich nicht der »Richtige« ist – wenn es den überhaupt gibt –, dann werde ich es schon selber merken.

Bitte melde dich.

Staatsexamen verfehlt

Liebe Eltern,

ich komme gerade aus der Uni und habe leider eine Hiobsbotschaft im Gepäck: Trotz aller Büffelei in den letzten 18 Monaten habe ich das Staatsexamen nicht bestanden. Es hat einfach nicht gereicht.

Ich kann nicht mal sagen, dass es nur wenige Punkte waren, die mir gefehlt haben. Es ist auch kein Trost, dass mehr als die Hälfte der Prüflinge durchgefallen ist. Die Gründe für mein schlechtes Abschneiden sind ganz klar: Ich habe mein Studium etwas zu locker angehen lassen. Die Zwischenprüfungen liefen noch glatt durch, aber für das Finale hat es nicht mehr gereicht. Dafür waren die Lücken an Basiswissen zu groß.

Es tut mir Leid, euch so zu enttäuschen. Aber ich glaube, jetzt habe ich es kapiert: Der nächstmögliche Prüfungstermin ist anvisiert, und diesmal werde ich es schaffen. Davon bin ich überzeugt.

Also lasst den Kopf nicht hängen, ich kriege das schon hin.

Euer

Haftstrafe

Liebe Sieglinde,

wir haben länger nichts mehr voneinander gehört, und das hat leider einen sehr traurigen Grund: Roberta ist vor zwei Tagen zu einer Haftstrafe von zwei Jahren ohne Bewährung verurteilt worden. Sie bekannte sich des schweren Raubes als schuldig.

Du hast selber drei Kinder und ahnst sicher, wie es mir geht. Als sie vor drei Monaten festgenommen wurde, fiel ich aus allen Wolken. Meine Jüngste – eine Diebin und Einbrecherin? Ich konnte es nicht glauben, und eigentlich fällt es mir immer noch schwer. Aber jetzt muss ich mich damit abfinden, dass eines meiner Kinder im Gefängnis sitzt.

Viele Fragen quälen mich. Was habe ich falsch gemacht? Habe ich mich zu wenig um sie gekümmert? Habe ich ihr zu wenig Grenzen gesetzt? Wie konnte es so weit kommen? Warum habe ich nicht gemerkt, dass sie auf die schiefe Bahn geraten ist? Ich fühle mich schuldig und weiß doch keine Antworten. Roberta wurde nicht anders erzogen als Phillip und Juliane auch. Was habe ich versäumt?

Der Kontakt zu ihr war schon seit ihrem Auszug vor drei Jahren nicht mehr einfach, und sie ging mir aus dem Weg, wo sie nur konnte. Seit ihrer Verhaftung konnte ich ein paar Mal mit ihr reden, und ich habe gemerkt, wie fremd wir uns geworden sind. Und doch ist da noch ein Band zwischen uns, das nie zerreißen wird: Sie ist meine Tochter und wird von mir alle Unterstützung bekommen, die sie will oder benötigt. Ich möchte, dass Roberta spürt, dass wir sie nicht fallen lassen und das wir sie lieben lieben und ihr Halt geben. Denn dafür ist eine Familie da.

In diesem Sinne bitte ich auch dich als ihre Patentante um Unterstützung. Ihr habt euch früher so gut verstanden, und ich fände es sehr schön, wenn du dich auch um Kontakt mit ihr bemühen würdest, sei es in Form von Briefen oder Besuchen.

Es wäre schön, wenn ich auf dich rechnen könnte.

Deine

Versöhnung

Lieber Tom,

seit mehr als zwei Jahren haben wir nun kein Wort mehr miteinander gewechselt, weil wir beide so stur sind. Ich vermisse dich aber, großer Bruder.

Anlass für den Streit war das liebe Geld. Beide hatten wir Angst, bei der Verteilung des Erbes unseres Vaters zu kurz zu kommen. Ich kann das Ganze heute kaum mehr nachvollziehen, ich weiß nur noch, dass es zu ziemlich hässlichen Szenen zwischen uns kam. Und dass wir dann beide auf stur geschaltet und uns einfach nicht mehr gemeldet haben.

Ich für meinen Teil kann nur sagen, dass es mir Leid tut. Wir haben uns früher so gut verstanden, und ich verstehe nicht, warum ich mich wegen des Geldes so aufgeregt habe. Lass uns unseren Streit begraben, ich möchte dich als Bruder nicht auch verlieren.

Bitte melde dich.

Freundschaftsprobleme

Allgemeine Hinweise

Eigentlich sollte man Freunden alles sagen können – und dennoch gibt es Situationen, in denen man sich lieber hinsetzt und einen Brief schreibt. Gerade wenn man dem anderen etwas sehr Unangenehmes oder Schmerzhaftes zu sagen hat, kann die Briefform eine große Hilfe sein. Ein weiterer Effekt: Oft klären sich schon beim Schreiben die Gedanken, und man gewinnt etwas Distanz zu dem Geschehenen.

Probleme mit der besten Freundin

Liebe Pauline,

man kann's drehen und wenden, wie man will: Du bist einfach meine beste Freundin. Denn kein Mensch ist mir so nah wie du, und oft sehe ich mich in dir wie in einem Spiegel. Manchmal ist mir unsere »Symbiose« schon fast unheimlich, und langsam merke ich, dass eine so enge Freundschaft einerseits zwar wunderschön ist, andererseits aber auch nicht ganz unproblematisch.

In der letzten Zeit habe ich nämlich oft das Gefühl, dass wir uns in manchen Situationen wie jetzt, wo wir beide so »durchhängen«, keine Hilfe sind, sondern unsere negativen Stimmungen gegenseitig nur verstärken. Die Frage ist dann gar nicht mehr, den anderen aufzumuntern oder zu trösten, sondern die, wie man sich nur noch weiter nach unten zieht. Seit Wochen hocken wir zusammen wie zwei Klageweiber, die sich gegenseitig in ihrem Trauergesang übertönen, und da ist mir der Gedanke gekommen, ob wir uns im Moment vielleicht gar nicht so gut tun.

Ich möchte dir deshalb einen radikalen Vorschlag machen, der zwar wehtut, aber helfen könnte, uns selbst wieder aus dem Sumpf zu ziehen: Lass uns für einige Zeit – vielleicht für drei Monate – »Urlaub« voneinander machen, um unsere Blockade aufzulösen. Und dabei bin ich mir unserer Freundschaft so sicher, dass ich überhaupt keinen Zweifel daran habe, dass sie diese Belastung aushält. Ich hoffe, du verstehst, was ich meine. Bist du bereit, diesen Versuch zu machen?

Alles Liebe

Nina

Probleme mit einer Freundin

Liebe Christina,

es fällt mir sehr schwer, diesen Brief zu schreiben. Allein das ist schon komisch, denn wir kennen uns jetzt seit mehr als 15 Jahren. Aber nach unserem Telefongespräch gestern ist mir klar geworden, dass es so nicht weitergeht.

Wahrscheinlich wunderst du dich seit mehreren Monaten, warum ich so zurückhaltend geworden bin, nicht mehr so oft anrufe und keine Zeit mehr habe für ein Treffen. Und du hast Recht mit dem, was du mir gestern sagtest: Ich gehe dir aus dem Weg. Warum das alles? Es liegt an Jan, deinem neuen Freund. Du weißt, dass er mir nie besonders sympathisch war. Vielleicht war ich am Anfang auch ein wenig eifersüchtig auf ihn, weil du nur noch ihn im Kopf hattest. Aber auch als ich ihn näher kennen lernte, konnte ich nichts mit ihm anfangen. Das alles wäre überhaupt kein Problem, denn schließlich musst du ihn ja mögen, nicht ich. Und das scheint der Fall zu sein: Du magst ihn so sehr, dass du offensichtlich alles gut findest, was er gut findet. Auch wenn es Sachen sind, die du noch kurz davor total abgelehnt hast. Ich finde, du hast dich sehr verändert durch deine Beziehung zu ihm, und damit komme ich ehrlich gesagt nicht klar.

So, jetzt ist es heraus. Wir sind immer gute Freundinnen gewesen. Sind wir es denn nicht mehr? Eigentlich schon. Ich weiß immer noch, dass ich mich hundertprozentig auf dich verlassen kann. Dass du mit mir durch dick und dünn gehst. Dass ich mit allen meinen Sorgen zu dir kommen kann. Und dass du mich niemals hängen lassen würdest.

Ich hoffe, du bist mir nicht böse über meine ehrlichen Worte. Ich hätte schon viel früher mit dir reden sollen, aber ich habe es einfach nicht geschafft.

Wir kriegen das schon hin.

Deine

Kindergarten

Allgemeine Hinweise

Nur in wenigen Fällen wird schriftliche Korrespondenz mit dem Kindergarten notwendig sein, denn vieles lässt sich mündlich klären. Doch Zeitmangel, menschliche Differenzen oder krankheitsbedingte Abwesenheit können Briefe notwendig machen.

Vergessen Sie nicht, bei Schwierigkeiten den Elternbeirat einzuschalten, der u. a. als Vermittler zum Kindergarten fungieren soll.

Abmeldung wegen Urlaub

Heidelinde Roth
Zypressenweg 4
22605 Hamburg

10. März 200X

An die Leitung des
Kindergartens »Rappelkiste«
Herrn Siegfried Lenz
Oldenfelder Stieg 44

22143 Hamburg

Abmeldung wegen eines längeren Auslandsaufenthaltes

Sehr geehrter Herr Lenz,

ich möchte meinen Sohn Henri ab dem 1. April 200X für eine Dauer von voraussichtlich drei Monaten aus dem Kindergarten abmelden. Grund dafür ist ein längerer Auslandsaufenthalt unserer Familie.

Henri wird voraussichtlich ab dem 1. Juli 200X wieder in den Kindergarten kommen.

Bitte unterrichten Sie auch die Buchhaltung, dass in dieser Zeit die Essensbeiträge nicht eingezogen werden.

Mit freundlichen Grüßen

Heidelinde Roth

Antrag auf Aufnahme in einen Kindergarten

[…]

Antrag auf Aufnahme in den Kindergarten

Sehr geehrte Damen und Herren,

in vier Wochen wird unsere Familie von Berlin nach Aalen umziehen. Nach dem Umzug möchte ich schnellstmöglichst wieder in das Berufsleben einsteigen.

Aus diesem Grund suche ich für meine vierjährige Tochter Alina dringend einen Kindergartenplatz zum nächstmöglichen Zeitpunkt. Ihr Kindergarten »Die Rasselbande« wurde mir von einer Bekannten in Aalen wärmstens empfohlen. Sie lobte besonders das pädagogische Konzept und den liebevollen Umgang der Erzieherinnen mit den Kindern.

Ich würde mich sehr freuen, wenn Alina ein Mitglied der »Rasselbande« werden könnte. Vorteilhaft wäre ein Ganztagesplatz. Meine Tochter ist bereits seit einem dreiviertel Jahr im Kindergarten hier in Berlin, hat also bereits »Erfahrung«.

Ich werde mich auch in den nächsten Wochen noch einmal telefonisch bei Ihnen melden und bedanke mich im Voraus schon recht herzlich.

Mit freundlichen Grüßen

Wechsel in eine andere Gruppe

[...]

Wechsel in eine andere Gruppe

Sehr geehrter Herr Lenz,

seit eineinhalb Jahren ist mein Sohn Winston in Ihrem Kindergarten in der Gelben Gruppe und fühlt sich dort auch sehr wohl.

Zum 1. Januar 200X habe ich durch ein kurzfristiges Angebot meines Arbeitgebers die Möglichkeit, meine wöchentliche Arbeitszeit auf 30 Stunden auszudehnen. Dieses Angebot würde ich gerne wahrnehmen.

Aus diesem Grund wäre es notwendig, dass Winston innerhalb des Kindergartens in die Blaue Gruppe wechselt, da hier die Betreuungszeit der Kinder bis 14 Uhr geht. Soweit ich informiert bin, sind in der Blauen Gruppe auch noch Plätze frei.

Ich hoffe, dass ein Wechsel möglich ist, und werde mich in den nächsten Tagen telefonisch bei Ihnen melden.

Mit freundlichen Grüßen

Beschwerde über Erzieherin

[…]

Beschwerde

Sehr geehrte Frau Donner,

meine Tochter Adissa besucht seit einem Jahr die Nachmittagsgruppe Ihres Kindergartens. Die Betreuungszeit fängt um 14 Uhr an und endet um 18 Uhr.

Ich musste leider mehrmals die Erfahrung machen, dass die Erzieherinnen, Frau Rot und Frau Theil, diese Betreuungszeiten nicht einhalten: Mehrmals mussten die Kinder in der ersten Stunde in eine Ersatzgruppe gehen, da die Erzieherinnen erst ab 14.30 Uhr anwesend waren. (In den letzten vier Wochen war das zwölfmal der Fall.) Auch wurden wir Eltern mehrmals dazu aufgefordert, unsere Kinder bitte spätestens um 17.30 Uhr abzuholen, obwohl die offizielle Betreuungszeit bis 18 Uhr dauert.

Sowohl der Unmut der Eltern als auch der – aus meiner Sicht ungerechtfertigte – Unmut der Erzieherinnen, die von mir wiederholt auf diese Problematik angesprochen wurden, überträgt sich auch auf die Kinder. Aus diesem Grund sollte eine Klärung der Situation möglichst schnell herbeigeführt werden.

Mit freundlichen Grüßen

Bitte um Unterredung

[…]

Bitte um eine Unterredung

Sehr geehrte Frau Kreiss,

mein Sohn Matthias ist seit vier Monaten in Ihrem Kindergarten in der Vormittagsgruppe.

Ich würde gerne einiges mit Ihnen besprechen und bitte Sie deswegen um eine Unterredung. Nachdem ich Sie nun mehrere Tage telefonisch nicht erreichen konnte, bitte ich um Rückruf: Sie erreichen mich tagsüber unter der Telefonnummer 8958348.

Ich bedanke mich bei Ihnen und hoffe, möglichst bald von Ihnen zu hören.

Mit freundlichen Grüßen

Entschuldigung wegen Krankheit

[…]

Entschuldigung

Sehr geehrte Frau Kreiss,

meine Tochter Vivienne wird in der Zeit vom 13. bis zum 28. Februar nicht in den Kindergarten kommen können, da sie sich bei einem Sturz vom Baum einen Armbruch zuzog.

Mit freundlichen Grüßen

Väteraktivitäten

Miteinbeziehung der Väter

Sehr geehrte Frau Liebl,

mein Sohn Benjamin besucht seit einem halben Jahr Ihren Kindergarten. Er ist glücklich, so viele Spielkameraden und Spielkameradinnen zu haben.

Meine Frau und ich haben uns bewusst für Ihren Kindergarten entschieden, weil dort zum Wohl der Kinder aktiv, kreativ und flexibel gearbeitet wird. Bei unserem Sohn finden vor allem Aktivitäten, bei denen die Eltern mit einbezogen werden, sehr viel Anklang. Von dem gemeinsamen Backnachmittag mit seiner Mutter vor zwei Wochen schwärmt er immer noch.

Schon oft fragte er mich: »Warum bist du nicht auch mal dabei?« Genau das würde ich auch gerne. Nur dass der »Standard-Papa« am Dienstagnachmittag um 14 Uhr eben keine Zeit hat, mit seinem Kind im Kindergarten zu sein.

Verstehen Sie meinen Brief als Anregung, vielleicht auch die berufstätigen Väter mehr in die Elternaktivitäten im Kindergarten einzubeziehen: Denkbar wären z. B. Termine freitagnachmittags oder vielleicht am Samstag früh, organisieren könnte man z. B. eine Vater-Kind-Rallye.

Mit freundlichen Grüßen

Kündigung

Allgemeine Hinweise

Bei der Kündigung eines Abonnements genügt in den meisten Fällen eine kurze schriftliche Mitteilung. Es bleibt Ihnen überlassen, ob Sie die Gründe für Ihre Kündigung nennen wollen. Wenn Sie sich über etwas geärgert haben oder unzufrieden waren, schreiben Sie es ruhig dazu. Damit geben Sie den Betroffenen die Chance, es beim nächsten Mal besser zu machen. Beachten Sie die Kündigungsfrist bzw. schreiben Sie »zum nächstmöglichen Zeitpunkt«.

Folgende Inhalte sollten in einer Kündigung vorkommen

- korrekte und vollständige Anschrift von Absender und Adressat
- in die Betreffzeile: Titel der Zeitschrift, Kündigungsabsicht, Kundennummer
- Kündigungstermin: wenn nicht bekannt, dann »zum nächstmöglichen Zeitpunkt«
- evtl. Gründe für die Kündigung
- evtl. Bitte um Verzicht auf Rückwerbeversuche
- Bitte um Bestätigung der Kündigung

Abonnementkündigung

Hans-Peter Grob
Tegernseer Landstraße 103
80913 München

München, 17. September 200X

Lorenz-Verlag
Leserservice
Alte Heide 13

20045 Köln

Kündigung Abonnement »Geflügelbörse«
Kundennummer: 345G199

Sehr geehrte Damen und Herren,

hiermit kündige ich das Abonnement der Zeitschrift »Geflügelbörse« zum nächstmöglichen Termin.

Gleichzeitig entziehe ich Ihnen die Einzugsermächtigung zu Lasten meines Kontos Nr. 929455 bei der Raiffeisenkasse München.

Ich bitte Sie, von Rückwerbungsversuchen abzusehen. Bitte senden Sie mir eine schriftliche Bestätigung über den Erhalt meiner Kündigung.

Mit freundlichen Grüßen

Hans-Peter Grob

Kündigung eines Bankkontos

[...]

Kündigung Konto Nr. 2818829 00

Sehr geehrte Damen und Herren,

hiermit kündige ich das o. g. Konto zum 31. Oktober 200X. Das gilt für sämtliche Daueraufträge, Lastschriftverfahren usw.

Ich werde in den nächsten Tagen persönlich bei Ihnen vorbeikommen, um alles Weitere zu klären.

Mit freundlichen Grüßen

Kündigung einer Mitgliedschaft

[…]

Kündigung

Liebe Bücherfrauen,

hiermit kündige ich meine Mitgliedschaft bei den Bücherfrauen/Städtegruppe Bonn mit sofortiger Wirkung.

Mit freundlichen Grüßen

Mietangelegenheiten

Allgemeine Hinweise

Die Musterbriefe für Mietangelegenheiten sollen Ihnen helfen, allgemeine Fragen in puncto Korrespondenz rund um Wohnung und Miete zu beantworten. Bei der Klärung strittiger Fragen sollten Sie sich über das aktuelle Mietrecht informieren (z. B. bei einem Mieterverein) bzw. juristische Hilfe suchen.

Generell gilt: Handschriftliche Unterschrift nicht vergessen. Wichtige Briefe immer per Einschreiben mit Empfangsbestätigung verschicken.

Was Sie beachten sollten:

- **Wohnungssuche**
  Antworten auf Chiffreanzeigen werden an die Zeitung geschickt, in der die Anzeige erschienen ist. Vergessen Sie nicht, die Chiffrenummer gut sichtbar zu schreiben. Beschreiben Sie in dem Brief Ihre berufliche und persönliche Situation und erklären Sie, warum Sie gerade an dieser Wohnung Interesse haben. Für eine Kontaktaufnahme die Telefonnummer angeben.

- **Mietverträge**
  Mietverträge können sowohl vorformuliert als auch individuell gestaltet sein. Sogar mündliche Mietverträge (»per Handschlag«) sind gültig, aber nicht unbedingt empfehlenswert. Mietverträge können befristet oder unbefristet sein. Folgende Elemente müssen in einem Mietvertrag enthalten sein:
  – die Vertragsparteien
  – die genaue Bezeichnung der Wohnung (z. B. Rüdigerstraße 3, 4. Stock rechts)

– die vereinbarte Miete
– der Beginn des Mietverhältnisses
– bei befristeten Verträgen die Laufzeit und der Befristungsgrund
– die Unterschriften aller Vertragspartner

Vorformulierte Verträge finden Sie im Zeitschriftenhandel. Individuell ausgearbeitete Mietverträge sollten Sie als Mieter immer genau überprüfen, lesen Sie auch das Kleingedruckte.

- **Erhöhung der Mietkosten**
  Die Mietkostenerhöhung kann nicht einseitig erklärt werden, sondern der Vermieter muss die Zustimmung des Mieters einholen. Zurückweisen kann der Mieter die Erhöhung nur, wenn der Vermieter rechtliche Bestimmungen nicht beachtet hat. Dazu gehören z. B.: letzte Erhöhung muss mindestens ein Jahr zurückliegen; neue Miete darf die ortsübliche Vergleichsmiete nicht überschreiten; so genannte »Kappungsgrenze« (in 3 Jahren nicht mehr als 20 % Erhöhung) muss beachtet werden.

  Mieterhöhungen müssen immer schriftlich formuliert sein und vom Vermieter unterschrieben sein. Der Mieter hat eine bestimmte Frist für einen Einspruch.

- **Erhöhung der Nebenkosten**
  Per Gesetz muss der Vermieter die Erhöhung der Nebenkosten erläutern und begründen. Der genaue Erhöhungsbetrag muss genannt werden.

- **Kündigung**
  Ein Mietvertrag kann von beiden Seiten gekündigt werden, immer in schriftlicher Form. Die Kündigungsabsicht muss unmissverständlich formuliert sein (»Ich kündige den Mietvertrag vom …«). Der Vermieter muss seine Kündigung begründen und eine gestaffelte Kündigungsfrist beachten (je nach Mietzeit erhöht sich die Kündigungs-

frist). Der Mieter kann unbefristete Mietverträge unabhängig von seiner Wohndauer mit einer Frist von drei Monaten kündigen. Bei einer Kündigung durch den Vermieter sollte dieser seinen Mieter darauf hinweisen, dass er schriftlich Widerspruch gegen die Kündigung einlegen kann (mit Fristangabe). Und: Alle im Mietvertrag genannten Vertragspartner müssen auch in der Kündigung genannt sein.

- **Mängelanzeige/Mietminderung**
  Treten in einer vermieteten Wohnung Schäden auf, so sollte der Mieter diese sofort melden. Normalerweise wird der Vermieter den Schaden schnellstmöglichst beheben. Ist dies nicht der Fall, kann der Mieter aktiv werden: zunächst durch eine Minderung seiner Mietzahlungen. Wird der Schaden weiterhin nicht behoben, kann er vom Vermieter Schadensersatz fordern und selbst die Handwerker bestellen, die dann vom Vermieter bezahlt werden müssen. Letzter möglicher Schritt ist die fristlose Kündigung des Mieters. Erkundigen Sie sich nach dem aktuellen Mietrecht. Generell gilt: Schäden möglichst schnell schriftlich melden, nachdrückliche Aufforderung zur Schadensbeseitigung, nächsten Schritt jeweils ankündigen.

Antwort auf eine Chiffreanzeige

Sabine und Martin Pohl
Madam-Curie-Str. 133
51634 Gummersbach

22. Februar 200X

Tagblatt
Anzeigenabteilung
Chiffreanzeige 345657X
Postfach 43

51645 Gummersbach

Chiffreanzeige 345657X im Tagblatt vom 19. Februar 200X
Wohnung in Gummersbach-Hülsenbusch

Sehr geehrte Damen und Herren,

für Ihre 3-Zimmer-Wohnung in Gummersbach-Hülsenbusch möchten wir uns als ruhige und solvente Mieter bewerben.

Mein Mann arbeitet als Abteilungsleiter in einer Gummersbacher Firma, ich selbst bin halbtags als Kinderkrankenschwester tätig. Zur Familie gehört noch unsere Tochter Selina, die im Herbst dieses Jahres eingeschult wird.

Eine Wohnung in Hülsenbusch wäre für uns ideal, so könnten wir unsere Wege zur Arbeit stark verkürzen. Wir würden uns sehr über einen Besichtigungstermin freuen. Sie erreichen mich vormittags unter der Telefonnummer 4563349, abends unter 8994312.

Mit freundlichen Grüßen

Sabine und Martin Pohl

Kündigung durch den Mieter

[…]

Kündigung

Sehr geehrte Frau Gerschner,

am 1. Juli 200X werde ich eine neue Arbeitsstelle in Berlin antreten. Aus diesem Grund kündige ich den Mietvertrag vom 1. Januar 1999 für die Wohnung in der Connollystraße 25, 4. Stock Mitte, 80809 München, fristgerecht zum 31.05.200X.

Mit freundlichen Grüßen

Kündigung durch den Vermieter

[...]

Kündigung wegen Eigenbedarfs

Sehr geehrte Frau Schwarz,
sehr geehrter Herr Schwarz,

am 1. Oktober 200X wird meine Tochter Sabine eine neue Arbeitsstelle in Berlin antreten. Aufgrund der großen Entfernung zwischen Ahlen und Berlin benötigt sie eine Wohnung vor Ort.

Da meine Tochter noch im Juni dieses Jahres heiraten wird, benötigen sie und ihr zukünftiger Mann eine 2-Zimmer-Wohnung.

Aus diesem Grund kündige ich den Mietvertrag vom 01.10.200X für die Wohnung in der Maßmannstraße 23, 3. Stock rechts, 12163 Berlin, zum 31.08.200X wegen Eigenbedarfs. Gegen diese Kündigung können Sie schriftlich Widerspruch einlegen bis zum 31.06.200X.

Ich bitte Sie um Verständnis für unsere Situation.

Mängelanzeige

[…]

Schadensmeldung

Sehr geehrter Herr Weber,

an der Schlafzimmerdecke unserer Wohnung Hafnerstr. 17, II. OG, ist seit dem 26. Juni 200X ein feuchter Fleck, der sich ständig vergrößert und von dem es seit heute Morgen heruntertropft. Vermutlich kommt das Wasser durch eine undichte Stelle im Dach.

Ich bitte Sie, den Schaden möglichst rasch beheben zu lassen.

Mit freundlichen Grüßen

Mietminderung

[…]

Mein Brief vom 28. Juni 200X
Nasse Stelle an der Schlafzimmerdecke

Sehr geehrter Herr Weber,

am 28. Juni 200X habe ich Sie schriftlich auf die nasse Stelle an unserer Schlafzimmerdecke aufmerksam gemacht und Sie um eine rasche Beseitigung des Schadens gebeten.

Bisher ist das Dach nicht repariert worden. Inzwischen tropft es zusätzlich zu der Stelle im Schlafzimmer an zwei weiteren Stellen im Wohnzimmer von der Decke. Dadurch ist das Wohnzimmer nicht mehr benutzbar. Ich mache Sie darauf aufmerksam, dass ich aus diesem Grund erstmals am 1. August 200X den Mietzins um 20 % kürzen werde.

Selbstverständlich hebe ich diese Kürzung nach einer erfolgten Reparatur sofort wieder auf.

Mit freundlichen Grüßen

Mieterhöhung

[…]

Mieterhöhung zum 01.08.200X

Sehr geehrte Frau Stöhr,
sehr geehrter Herr Stöhr,

seit dem 01.01.1998 zahlen Sie für Ihre Wohnung eine monatliche Nettomiete von 700,00 Euro. Das entspricht einem Quadratmeterpreis von 7,00 Euro. Der aktuelle Mietspiegel von Berlin (vom 01.04.200X) weist für Wohnungen in dieser Lage, dieses Baujahrs und vergleichbarer Ausstattung einen Quadratmeterpreis von 9,00 Euro aus.

Ich beabsichtige, den Mietpreis Ihrer Wohnung der ortsüblichen Vergleichsmiete anzupassen, und bitte Sie, einer Erhöhung der Nettomiete auf 900,00 Euro zuzustimmen. Nebenkosten und Heizkostenpauschale sind davon nicht betroffen und bleiben zunächst unverändert. Der monatlich zu bezahlende Gesamtbetrag beläuft sich daher ab dem 01.08.200X auf 1100,00 Euro.

Bitte schicken Sie mir die beigelegte Einverständniserklärung bis zum 31.06.200X zurück.

Mit freundlichen Grüßen

Anlagen
Kopie eines Auszugs aus dem Mietspiegel
Einverständniserklärung

Erhöhung der Nebenkosten

[…]

Mietvertrag vom 22.01.200X/Nebenkostenerhöhung

Sehr geehrter Herr Markreiter,

bedauerlicherweise muss ich die Nebenkosten für Ihre Wohnung erhöhen. Ab dem 1. Oktober 200X erhöht die Stadt Reutlingen die Gebühren für die Abfallbeseitigung von bisher 18,90 Euro auf 20,90 Euro. Dadurch ergibt sich eine Erhöhung pro Tonne von 2,00 Euro und folgende Mehrkosten pro Monat:

2,00 Euro geteilt durch 12 Monate = 0,16 Euro

In Absprache mit Ihnen wird die Heizkostenvorauszahlung von bisher 50,00 auf 80,00 Euro erhöht. Daraus ergibt sich eine monatliche Erhöhung der Nebenkosten von bisher 156,00 Euro auf 186,16 Euro.

Die ab dem 1. Oktober 200X zu überweisende Miete inkl. Nebenkosten:

Mietzins:	980,00 Euro
Neue Nebenkosten:	186,16 Euro
gesamt:	1.166,16 Euro

Bitte überweisen Sie diesen Betrag ab dem 1. Oktober 200X auf mein Konto. Vielen Dank.

Mit freundlichen Grüßen

Widerspruch gegen Mieterhöhung

[…]

Ihr Schreiben vom 22. Dezember 200X
Widerspruch gegen Mieterhöhung

Sehr geehrter Herr Dietl,

die von Ihnen gewünschte Mieterhöhung kann ich nicht akzeptieren, und zwar aus folgenden Gründen:

1. Sie geben in Ihrem Schreiben keine Begründung für die Erhöhung des Mietzinses an. Diese ist aber gesetzlich vorgeschrieben.
2. Der von Ihnen genannte Mietpreis liegt deutlich oberhalb der Vergleichsmiete des aktuellen Mietspiegels der Stadt Baden-Baden.

Daher werde ich den bisher vereinbarten Mietzins auch weiterhin zahlen. Ich bitte um Ihr Verständnis.

Mit freundlichen Grüßen

Schule

Allgemeine Hinweise

Schriftwechsel mit der Schule sollten immer den kompletten Absender (eventuell mit Telefonnummer) beinhalten. Geben Sie in der Adresse möglichst den genauen Ansprechpartner an (Schuldirektor, Lehrkraft usw.). Generell sollte der Stil immer möglichst sachlich und präzise sein.

- **Entschuldigung wegen Krankheit:** Name des Kindes, Klasse, Art der Krankheit bzw. des Unfalls, Dauer der voraussichtlichen Abwesenheit vom Unterricht, evtl. Kopie des Attestes. Bei längerem Fehlen in der Schule Überlegungen, wie das Kind den Lehrstoff verfolgen oder nachholen kann.
- **Beurlaubung:** Wird von den Schulen sehr ungern gesehen, vor allem für die letzten Tage vor den Ferien. Wundern Sie sich also nicht über eine Ablehnung. Anlässe für Beurlaubungen können z. B. wichtige Festlichkeiten innerhalb der Familie oder Sportereignisse sein, an denen das Kind teilnehmen sollte. Bei einer mehrtägigen Beurlaubung richten Sie den Brief an die Schulleitung, ansonsten an den Klassenlehrer. Enthalten sein muss der Name des Kindes, die Klasse, Begründung der gewünschten Beurlaubung mit Hinweis auf die Bedeutung des Anlasses, evtl. Hinweis auf Nachholen des versäumten Lehrstoffs. Schreiben Sie freundlich.
- **Bitte um Gespräch o. Ä.:** Ergibt sich die Notwendigkeit eines Gesprächs, sprechen Sie in einem Brief den Anlass an und machen Sie einen Terminvorschlag. Wie immer müssen der Name des Kindes und die Klasse im Brief genannt werden.
- **Sonstiges:** Befreiung vom Sport-/Schwimmunterricht; Einladung eines ehemaligen Klassenlehrers zu einem Treffen

Adressänderung

Lucie Dreher
Albertushof 2
27755 Delmenhorst

24. April 200X

Willi-Graf-Gymnasium
Schulleitung
Dahlienstr. 22

27749 Delmenhorst

Adressänderung

Sehr geehrte Damen und Herren,

bitte vermerken Sie für meinen Sohn Sebastian Dreher ab sofort folgende neue Adresse:

Lucie, Bert, Yvonne und Sebastian Dreher
Albertushof 2
27755 Delmenhorst

Unsere für einen Notfall angegebenen Telefonnummern bleiben die alten.

Mit freundlichen Grüßen

Lucie Dreher

Anmeldung an einer neuen Schule

[…]

Anmeldung

Sehr geehrte Damen und Herren,

durch unseren bevorstehenden Umzug nach Duisburg möchten wir unsere Tochter Hannah, die zur Zeit die 6. Klasse des Alexander-Gymnasiums in Berlin besucht, in Ihrer Schule anmelden.

Eine Kopie von Hannahs letztem Halbjahreszeugnis legen wir bei. Voraussichtlich wird ihr erster Schultag an Ihrer Schule der 15. April 200X sein.

Für Rückfragen stehe ich tagsüber unter der Nummer 030 3456612, abends ab 20 Uhr unter 030 4781253 zur Verfügung. Ich bitte um eine kurze Bestätigung, dass Hannah ab dem 15. April 200X am Unterricht teilnehmen kann.

Mit freundlichen Grüßen

Bitte um Beurlaubung

[…]

Bitte um Beurlaubung

Sehr geehrte Frau Tübke,

am Freitag, den 15. Mai, findet in unserer Familie anlässlich des 90. Geburtstags meiner Mutter in Kiel ein großes Fest statt. Die Feier beginnt bereits um 15.00 Uhr, und die Jubilarin wünscht sich die Anwesenheit vor allem ihrer Enkel.

Aus diesem Grund bitte ich Sie, meine Tochter Riccarda an diesem Tag vom Unterricht zu befreien, da wir den Wunsch meiner Mutter gerne erfüllen würden und zudem einen weiten Anfahrtsweg haben. Wir versichern Ihnen, dass Riccarda den versäumten Unterrichtsstoff am Wochenende nachholen wird.

Vielen Dank für Ihr Verständnis.

Mit freundlichen Grüßen

Entschuldigung für einen Schüler

[...]

Entschuldigung

Sehr geehrte Frau Dr. Steinherr,

unsere Tochter Anne hat sich heute beim Ballettunterricht eine Innenbandzerrung zugezogen. Nach Aussage des Arztes muss sie für eine Woche einen Gips tragen und darf die Schule in dieser Zeit nicht besuchen.

Annes Freundin Lena Moser hat sich bereit erklärt, unserer Tochter jeden Tag die Arbeitsunterlagen und Aufgabenstellungen aus der Schule vorbeizubringen. Anne wird sich bemühen, den Unterrichtsstoff zu Hause durchzuarbeiten.

Das benötigte Attest des Arztes habe ich in Kopie beigelegt.

Mit freundlichen Grüßen

Anlage
Attest

Befreiung vom Religionsunterricht

[…]

Befreiung vom Religionsunterricht

Sehr geehrter Herr Dr. Schmidt,

ich möchte, dass mein Sohn Sebastian, Klasse 2b, von der Teilnahme am Religionsunterricht befreit wird, da er keiner Konfession angehört.

Stattdessen soll er am Ethikunterricht teilnehmen.

Mit freundlichen Grüßen

An die Schulleitung

[…]

Übergriffe durch Schüler

Sehr geehrter Herr Stein,

unsere Tochter Bettina besucht die Klasse 5a Ihrer Schule. Bereits vor mehreren Wochen erzählte sie uns, dass die Situation auf dem Pausenhof für sie – und auch mehrere ihrer Freundinnen – immer unerträglicher wird, da sie durch eine Gruppe von Schülern der 8. Jahrgangsstufe andauernd belästigt wird. Dabei kam es wiederholt zu tätlichen Übergriffen und aggressiven Handlungen gegenüber unserer Tochter.

Mittlerweile geht Bettina nur noch äußerst ungern zur Schule und sieht jedem Tag voller Angst entgegen. Ich bitte Sie dringend, diesen Vorfällen nachzugehen. Es liegt sicher in Ihrem Interesse als Direktor des Gymnasiums, dass ein derartig aggressives Verhalten einiger Schüler gegen andere möglichst schnell unterbunden wird.

Selbstverständlich stehen wir gerne für ein Gespräch zur Verfügung.

Mit freundlichen Grüßen

Testament

Allgemeine Hinweise

Ein wichtiges Thema, wenn Sie die gesetzlich festgelegte Erbfolge ganz oder teilweise umgehen wollen oder bestimmte Sachen bestimmten Leuten vererben wollen. Auf der sicheren – aber auch kostspieligeren – Seite sind Sie, wenn Sie das Testament mit Hilfe eines Notars verfassen. Sind Sie jünger als 16 Jahre oder entmündigt, muss das Testament durch einen Notar bestätigt werden.

Folgende Punkte müssen beachtet werden, wenn Sie Ihr Testament persönlich schreiben:

- Über das Testament schreiben Sie entweder »Testament« oder »Mein letzter Wille«.
- Schreiben Sie das Testament eigenhändig (handschriftlich). Mit dem Computer oder der Schreibmaschine erstellte Testamente sind nicht gültig.
- Das Testament muss eigenhändig am Ende des Textes unterschrieben sein, inklusive Datum und Ort.
- Wenn Sie ein bereits verfasstes Testament widerrufen wollen, schreiben Sie: »Hiermit widerrufe ich mein Testament vom (Datum).«

Letzter Wille

Mein letzter Wille

Ich, Robert Metzelder, geboren am 24.10.1940, gebe für den Fall meines Todes hiermit meinen letzten Willen bekannt.

Meine Frau Irmgard soll das Haus und den Garten in der Hainbuchenstraße erhalten mit allem, was dazugehört.

Mein Sparguthaben vermache ich zu drei gleich großen Teilen meinen Kindern Sebastian, Ulrike und Nicolas. Sebastian soll zusätzlich mein Motorrad bekommen, Ulrike das Mofa und Nicolas alle Bücher und die Briefmarkensammlung.

Einmal im Jahr soll meine Frau eine Spende an den Bund Naturschutz in Höhe von 100 Euro tätigen.

In vollem Bewusstsein geschrieben, will ich, dass alles so ausgeführt wird, wie ich in diesem Testament verfügt habe.

München, 20. Mai 200X

Robert Metzelder

Testament

Testament

Folgendes soll nach meinem Tod ausgeführt werden:

1. Ich möchte eine Feuerbestattung und ein Urnengrab auf dem Nordfriedhof.
2. Die Grabpflege soll mein Sohn Hans übernehmen, bzw. dieser soll eine Gärtnerei damit beauftragen.
3. Ich setze meine Frau Sabine zur alleinigen Erbin ein.
4. Für den Fall, dass sie vor mir stirbt, tritt an ihre Stelle mein Sohn Hans.
5. Mein Käfer-Cabrio und den Wohnwagen Typ Detleffs soll mein Freund Dieter Walz erhalten.

Erlangen, 9. Mai 200X

Urlaub

Allgemeine Hinweise

Meist geht dem Urlaub eine bestimmte Planung voraus: Einholen von Informationen, Anfragen und Reservierungen für Unterkünfte oder Campingplätze, Festlegen der Routen und schließlich das Packen. Wenn ein Reiseveranstalter die von ihm per Katalog gemachten Versprechen nicht einhält, haben Sie Anspruch auf eine zumindest anteilige Rückerstattung der Reisekosten, wenn z. B. Ihr Hotel direkt neben einer Großbaustelle liegt, Ihnen aber ein paradiesisch ruhiger Aufenthalt versprochen wurde.

- **Mängel während der Urlaubsreise**
  Beschweren Sie sich vor Ort schon bei der Reiseleitung und lassen Sie sich Ihre Beschwerde (wenn keine Abhilfe geschaffen wird) schriftlich bestätigen. Nennen Sie die Vertragsnummer (auf der Buchungsbestätigung), das genaue Urlaubsziel, Reisedatum. Geben Sie die versprochenen, aber nicht realisierten Leistungsmerkmale der gebuchten Reise an. Beschreiben Sie die Mängel möglichst exakt. Verweisen Sie auf die erfolglose Reklamation vor Ort und schicken Sie eine Kopie dieser schriftlich festgehaltenen Beschwerde mit. Geben Sie für die Antwort eine Frist vor.

- **Reservierungen**
  Am besten schriftlich. Bei Anfragen nennen Sie möglichst präzise Ihre Wünsche (Ausstattung, Lage usw.). Fragen Sie nach dem Preis, evtl. Sonderkonditionen oder Pauschalpreise. Auch die Reisezeit muss genau genannt werden. Lassen Sie sich die Reservierung bestätigen.
  Nehmen Sie Reservierungsbestätigungen bei Reiseantritt immer mit. Wenn ein Hotel überbucht ist, sind diese Ihre Garantie für ein Zimmer.

Anfrage an ein Fremdenverkehrsamt

Rudolf Bernas
Bülowstr. 2
90491 Nürnberg

2. Mai 200X

Fremdenverkehrsamt
Hainburg a. d. Donau
Hauptplatz 23

2410 Hainburg

Sehr geehrte Damen und Herren,

für eine große Radwanderung unserer Kegelrunde (24 Personen) entlang der Donau suchen wir nach geeigneten Übernachtungsmöglichkeiten und Sehenswürdigkeiten, die einen Besuch in der Region lohnen.

Unsere Reise ist für den Zeitraum 21. bis 28. Juni 200X geplant. Die Anreise erfolgt mit dem Zug. Unsere Radetappen sollen pro Tag zwischen 40 und 70 Kilometer lang sein.

Es wäre schön, wenn Sie uns Streckenvorschläge und einen Plan mit entsprechenden Radwegen und Übernachtungsmöglichkeiten zusenden könnten. Für entstehende Kosten komme ich natürlich auf.

Mit freundlichen Grüßen

Anfrage an ein Hotel

[…]

Hotelprospekt

Sehr geehrte Damen und Herren,

ich bitte um möglichst schnelle Zusendung Ihres Hotelprospekts. Ihr Haus wurde mir für ein Wellness-Wochenende wärmstens empfohlen.

Vielen Dank im Voraus und mit freundlichen Grüßen

Campingplatzreservierung

[…]

Platzreservierung für zwei Wohnwagen mit Vorzelt

Sehr geehrte Damen und Herren,

wir planen dieses Jahr für den August wieder einen zweiwöchigen Aufenthalt auf Ihrem Campingplatz in Desenzano am Gardasee. Bitte reservieren Sie uns zwei zusammenhängende Stellplätze für zwei Wohnwagen, jeweils mit Vorzelt.

Am liebsten wäre uns ein Platz möglichst nahe am Seeufer und nicht in der Nähe der Sanitäranlagen.

Wir reisen am 3. August an und bleiben bis zum 17. August 200X.

Bitte bestätigen Sie uns die Buchung so schnell wie möglich. Sollten Sie Fragen haben, erreichen Sie mich auch tagsüber unter der Rufnummer +49 89 3541164 im Büro.

Mit freundlichen Grüßen

Minderung des Reisepreises

[…]

Minderung des Reisepreises und Schadensersatz
Reise nach Sousse/Tunesien vom 25.05. bis 07.06.200X

Sehr geehrte Damen und Herren,

vom 25. Mai bis zum 7. Juni 200X habe ich über Sie ein Zimmer im Hotel »Marabu« in Sousse/Tunesien gebucht. In Ihrem Katalog wurde das Hotel als »ruhig gelegen« beschrieben mit einem Pool und einer Cocktailbar.

Leider wurde am Anreisetag direkt neben meinem Hotel eine Großbaustelle begonnen, die von morgens 7:00 Uhr bis in die Abendstunden hinein zu extremen Lärmbelästigungen führte durch Bagger und große Baumaschinen. Zusätzlich wurde man im Pool des »Marabu«-Hotels durch die Baustelle nebenan immer wieder von Staub- und Zementwolken belästigt. Die Cocktailbar wurde am zweiten Urlaubstag aufgrund des Staubs geschlossen.

Weiter stellte sich heraus, dass das »Marabu«-Hotel nur Halbpension anbietet, ich aber hatte Vollpension gebucht.

Vor Ort beschwerte ich mich mündlich und schriftlich bei der örtlichen Reiseleitung, jedoch ohne Wirkung. Allerdings wurde mir der Empfang der Beschwerde schriftlich bestätigt. Eine Kopie dieses Schreibens sowie Fotos der Baustelle neben dem Hotel sende ich Ihnen zusammen mit diesem Brief.

Unter den geschilderten Umständen war es mir nicht möglich, mich in meinem Urlaub richtig zu erholen oder ihn zu genießen.

Hiermit mache ich einen Schadensersatz von 500 Euro für entgangene Urlaubsfreude geltend.

Mit freundlichen Grüßen

Reklamation eines Gepäckstücks

[...]

Beschädigtes Gepäckstück

Sehr geehrte Damen und Herren,

bei meinem Flug von Dublin nach Frankfurt am 15. Mai 200X (Flugnummer AW 4554) ging mein Aktenkoffer verloren. Später wurde er wieder gefunden und mir zwei Tage später, am 17. Mai, durch einen Zustelldienst nach Hause geliefert.

Bei der schnellen Übergabe konnte ich den Koffer nur flüchtig kontrollieren, dabei bemerkte ich nicht, dass die Mechanik des Schlosses beschädigt worden war und nun nicht mehr zu gebrauchen ist.

Ich musste ein neues Schloss einbauen lassen und bitte um Erstattung der entstandenen Kosten. Eine Kopie der entsprechenden Rechnung und weitere Belege liegen diesem Schreiben bei.

Mit freundlichen Grüßen

Anlagen
Reparaturrechnung
Kopie Flugschein
Kopie Gepäckübergabeschein

Rückfragen zur Ferienwohnung

[…]

Buchungsnummer 77448WIE
Objekt COT034

Sehr geehrte Frau Elsner,

bezüglich unseres Urlaubs in dem o. g. Feriendomizil in Sainte Maxime habe ich noch folgende Fragen, um deren Klärung ich Sie bitten würde:

1. Steht in dem Haus ein Kleinkinderbett (Gitterbett) zur Verfügung?
2. Gibt es einen Grill beim Haus?
3. Für das Mitnehmen von Bettwäsche wäre es sehr hilfreich, die Maße der französischen Betten und der Decken zu wissen.

Ich wäre Ihnen sehr dankbar, wenn Sie diese Dinge für mich klären könnten. Sie erreichen mich unter Telefon 08181 6601 oder hwiesner@web.de.

Mit freundlichen Grüßen

Vollmacht

Allgemeine Hinweise

Sie können nicht immer überall gleichzeitig sein: z. B. nicht gerade auf Weltreise und zu Hause, um das Einschreiben vom Postboten entgegenzunehmen. Oder auf einem wichtigen Meeting in der Arbeit und gleichzeitig auf der Kfz-Zulassungsstelle. Mit einer Vollmacht beauftragen und berechtigen Sie eine andere Person, in Ihrem Namen zu handeln. Für manche Vollmachten gibt es vorgefertigte Formulare (z. B. für eine Postvollmacht).

Folgendes muss eine Vollmacht beinhalten:

- Name und Adresse des Vollmachtgebers
- als Betreff: Vollmacht
- Die bevollmächtigte Person muss mit vollständigem Namen und Adresse genannt werden.
- möglichst präzise Benennung des Inhalts der Vollmacht
- evtl. zeitliche Begrenzung
- evtl. Einschränkung des Geltungsbereichs der Vollmacht
- Ort, Datum, vollständige Unterschrift (handschriftlich)

Bankvollmacht

Heide Tschernich
Lauterweg 45
45219 Essen

Essen, 5. Juni 200X

Vollmacht

Hiermit bevollmächtige ich meinen Ehemann Hans Tschernich, Lauterweg 45, 45219 Essen, mein Konto (Nr. 234543) bei der Raiffeisenbank Essen aufzulösen und das Guthaben auf unser gemeinsames Girokonto bei der Volksbank Essen, Kontonummer 667112, zu überweisen.

Heide Tschernich

Vollmacht für die Anmeldung eines Pkw

Rainer Wilken
Nach der Höhe 2
13469 Berlin

3. Januar 200X

Vollmacht zur Anmeldung eines Pkw bei der Zulassungsstelle Berlin

Hiermit bevollmächtige ich Frau Verena Riegel, wohnhaft Nelkenweg 3, 13158 Berlin, den Personenkraftwagen Opel Astra, letztes amtliches Kennzeichen B-OB 2345, auf meinen Namen zuzulassen.

Ich überlasse Frau Riegel zu diesem Zweck meinen Personalausweis.

Berlin, 3. Januar 200X

Vorsorgevollmacht

Vorsorgevollmacht

Ich,

Juliane Greif, geboren am 14. Januar 19XX in Berlin,
wohnhaft in der Stralsunder Str. 3, 10335 Berlin,

erteile für den Fall, dass ich aufgrund körperlicher oder geistiger Krankheit oder Behinderung meine Angelegenheiten ganz oder teilweise nicht mehr besorgen kann, folgende Vollmacht:

Frau Anneliese Gunzer, geboren am 15. März 19XX in Potsdam,
wohnhaft in der Tegernseer Landstr. 134, 11445 Potsdam,

wird bevollmächtigt, mich in allen persönlichen und vermögensrechtlichen Angelegenheiten, soweit dies gesetzlich zulässig ist, gerichtlich und außergerichtlich zu vertreten.

Die Vollmacht berechtigt zu meiner Vertretung in Fragen der medizinischen Versorgung und Behandlung, soweit ich selbst nicht im Stande bin, darüber zu bestimmen. Ich genehmige der Bevollmächtigten, in Heilbehandlungen und Operationen einzuwilligen, und entbinde die behandelnden Ärzte gegenüber der Bevollmächtigten von der Schweigepflicht.

Der Bevollmächtigten wird die Befugnis übertragen, an meiner Stelle in freiheitsentziehende Maßnahmen einzuwilligen.

In vermögensrechtlichen Angelegenheiten umfasst die Vollmacht insbesondere die Verwaltung meiner laufenden Einkünfte und meines Vermögens sowie die Besorgung aller anfallenden Geschäfte. Hierzu gehört die Erledigung meiner Bankgeschäfte, die Vertretung gegenüber Ämtern, Behörden, Versicherungen und der Krankenkasse.

Die Vollmacht berechtigt auch zum Abschluss von Verträgen mit Kliniken, Alten- und Pflegeheimen sowie zur Auflösung des Mietverhältnisses meiner Wohnung.

Die Bevollmächtigte ist auch befugt, über meinen Aufenthalt zu bestimmen.

Sollten Teile dieser Vollmacht unwirksam sein, so soll dies nichts an der Wirksamkeit der restlichen Teile ändern.

Diese Vollmacht kann stets widerrufen werden, der Widerruf muss schriftlich erfolgen.

Sollte trotz der vorstehend erteilten Vollmacht die Bestellung eines Betreuers erforderlich sein, so soll die Bevollmächtigte als Betreuer bestellt werden.

....

(Ort, Datum)

....

(eigenhändige Unterschrift mit Vor- und Nachname)

Widerruf einer Vollmacht

[…]

**Widerrruf der Bankvollmacht für Herrn Peter Heidenreich,
Kontonummer 345 678**

Hiermit widerrufe ich die am 4. April 2001 erteilte Bankvollmacht für Herrn Peter Heidenreich für mein Konto bei der Stadtsparkasse Hamburg, Kontonummer 345 678, mit sofortiger Wirkung.

Register